츠모토식

어식혁명

魚食革命

최고의 식재료로 최고의 맛을!

생선은 최고의 식재료입니다. 저는 생선을 좋아하고, 맛있는 생선을 서비스하기 위해 노력하는 사람입니다.

연구자료를 찾던 중 우연히 츠모토식을 접하고는 놀랍고 기쁜 마음에 잠을 이루지 못했습니다. 곧바로 일본으로 날아가 전용 도구들을 구입한 후, 제가 운영하는 매장에 적용하면서 6개월여간 시간 가는 줄 몰랐습니다. 생선을 최상의 상태로 만드는 츠모토식의 효과에 매료되어 실험과 검증을 반복했지요.

츠모토 씨에게 직접 장문의 편지를 보내기도 했습니다. 새로 츠모토식 노즐을 개발했다는 소식을 듣고, 자기소개와 함께 꼭 구하고 싶다는 내용을 전했습니다. 츠모토 씨는 흔쾌히 저의 요청을 수락했고, 저는 츠모토식에 더욱 매진하게 되었습니다.

2018년 10월 '생선연구소'를 설립했습니다. '생선은 최고의 식재료다!'를 모토로, '교학상장(教學相長, 서로 가르치고 배우며 성장한다)'을 교훈으로, 츠모토 씨처럼 '같은 분야의 사람들에게 도움을 주고, 보다 나은 미래를 도모하고, 성숙한 생선문화의 발전에 이바지한다'는 3가지 목표를 중심으로 함께할 동료들을 찾기 시작했습니다. 이듬해에는 제가 손수 전처리한 생선과 츠모토 씨가 전처리한 생선의 차이를 확인하려고 미야자키현을 찾아가 일종의 사명감을 안고 돌아왔습니다. 지금은 유튜브와 카페 등을 통해 최신 정보와 진화된 기술을 공유하며 목표를 완수하기 위한 활동을 벌이고 있습니다.

이 책을 효과적으로 활용하는 방법은 다음과 같습니다.

- 츠모토식 기본 차트를 읽고 순서와 의미를 이해합니다.
- 츠모토식 각각의 공정을 숙지하여 실행을 준비합니다.
- 어종별 특성을 파악하고 안내에 따라 전처리 작업을 수행합니다.
- 숙성의 원리를 터득하고 주의사항에 유념하여 숙성을 진행합니다.
- 개인의 지식과 기술 수준 그리고 생선의 상태에 따라 보관 후 섭취 시 히스타민증후군이나 식중독 등을 일으킬 수도 있으므로 주의해야 합니다. 개인의 부주의로 인한 책임은 개인에게 있습니다.
- 미리 알아두면 좋을 용어가 있습니다.
  신케지메: 일본의 에도시대에 발견한 방법으로 생선의 눈 위에 위치한 뇌와 척수(신경) 전체를 완전히 파괴하는 것. 생선을 오래 보관하여 숙성하기에 적합한 상태로 만드는 공정.
- '츠모토'는 외래어표기법상 '쓰모토'이지만, 통용되는 현실을 반영하여 츠모토로 표기했습니다.

이 책을 번역하면서 작지만 강한 소망이 생겼습니다. 우리나라에서도 츠모토식이 널리 전파되어 음식점과 시장은 물론 가정에서도 생선회에 대한 새로운 바람이 일어나 어제와 다른 봄의 식문화가 꽃피울 수 있기를 바랍니다.

임가주방 대표·생선연구소 소장
임동근

차례

기본편

어종별편

숙성편

츠모토식 궁극의 피빼기란?

"세계 최초의 생선 전처리 기술입니다"

"전처리는 완벽에 가까운 궁극의 피빼기를 통해 생선의 부패와 악취를 방지하고 생선 본연의 감칠맛을 최고로 끌어올리는 기술입니다."
츠모토 씨가 '전처리'를 이렇게 규정하는 데는 그만한 이유가 있습니다. 그는 세상의 요리사들에 대한 존경을 잊지 않습니다. 자신이 전처리한 생선을 맛있게 만드는 것은 요리사이고, 자신은 어디까지나 요리사를 위한 최상의 식재료를 제공하는 기술자라고 생각하기 때문입니다.
츠모토 씨의 전처리 기술은 획기적입니다. 이제부터 그 놀랍고 뛰어난 창의성의 실체를 하나하나 살펴보겠습니다.

진화의 '츠모토식'

몇 년 전, 광어를 전처리하던 츠모토 씨는 위를 청소하려고 광어 꼬리에 칼집을 내고 호스로 입에 물을 넣던 중 한 가지 사실을 깨달았습니다. '아! 이렇게 하면 피가 나오는구나.' 그 깨달음으로부터 피빼기와 전처리에 대한 탐구가 시작되었습니다.
생선의 피빼기 효과에 대해서는 이전에도 많은 어부와 낚시인, 유통업자, 요리사들에게 알려져 있었습니다. 유통업자인 츠모토 씨도 그 중요성을 익히 알았습니다. 거래처에서 자신이 전처리한 생선에 대한 반응을 확인한 그는 한발 더 나아가 더 높은 단계의 피빼기 기술을 연마하게 되었고, 고객들로부터 전처리 과정에 대한 문의를 받으며 페이스북과 유튜브 등을 통해 자신의 기술을 공개하기 시작했습니다. 매일같이 질문을 쏟아내는 고객들 중에는 요리사뿐만 아니라 낚시인과 어부도 적지 않았습니다. '그렇지. 낚시인들과 어부들은 생선을 잡자마자 전처리할 수 있는 사람들이지.'

개발자 츠모토 미츠히로

미야자키현에 위치한 수산물회사 하세가와수산의 영업부장으로 매일매일 그만의 방식으로 생선을 전처리한다. 이 책의 공저자 겸 감수자이며, 인터넷사이트(https://tsumotoshiki.com)를 운영하면서 츠모토식을 널리 알리는 한편, 관련 상품을 판매하고 있다.

츠모토 씨는 그 후 일반 고객용 동영상 외에 낚시인용 동영상을 만들어 유튜브에 업로드하게 되었고, 그렇게 업로드한 동영상이 180편에 이르고, 구독자는 15만 명을 넘게 되었습니다(2019년 말 기준). 동영상을 통해 정보를 교환하고 질의응답을 주고받으면서 츠모토식 전처리 기술은 변화하고 발전해왔습니다. 어제보다는 오늘, 오늘보다는 내일이 좋아지는 진화를 위해 매일매일 연구에 열중하는 츠모토 씨는 지금도 '궁극의 피빼기' 전처리에 관한 최신 정보를 나누기에 힘쓰고 있습니다.

거듭된 진화로 완성된 츠모토식

이 책은 오랜 연구와 실험을 통해 완벽에 가까워진 츠모토 씨의 방법을 차례로 공개합니다. 어느 정도 츠모토식을 알고 있는 분들은 물론 지금부터 배우고자 하는 분들에게 유익한 시간이 될 것입니다.

혼자 알고 있으면 더 좋을 수도 있는 획기적 기술을 흔쾌히 사람들에게 공개하는 이유는 뭘까요? 그것은 츠모토 씨의 확고한 신념 때문입니다.

"사람들이 자연산, 제철 생선, 고급 어종 같은 말에 현혹되지 말고 생선 본연의 맛을 즐기게 되길 바랍니다. 그러면 지금껏 쳐다보지도 않던 생선들이 식탁에 올라갈 수도 있겠지요. 제가 공개하는 '궁극의 피빼기'가 그것을 가능하게 하리라 생각합니다. 또한 많은 사람들이 알아갈수록 생선이라는 자원이 보다 잘 보호될 것입니다. 이에 도움이 된다면 저에게는 기쁜 일입니다."

그렇다면 츠모토식은 얼마나 대단한 기술일까요? 이 책을 독파하고 나면 그 가치를 충분히 납득할 수 있을 것입니다.

츠모토식이 완성한

3가지 혁명

장기숙성을 실현하다!

유수의 연구기관에서 인정한 첫 번째 혁명적 특징은 보존력입니다. 기존에는 수일 내에 소비하지 않으면 급속냉동이나 특수한 기술로 보존하는 방법밖에 없었지만, 츠모토식을 적용하면 생물 상태로도 1주일 넘게 보존할 수 있습니다. 또 생선의 맛을 장기간 유지할 수 있어 '생선숙성기술'의 활용도를 높여줍니다. 즉, 생선요리의 폭이 넓어집니다. 또한 감칠맛을 보존·향상시켜 수율(收率)은 좋아지고 폐기율이 낮아짐으로써 더 많은 이익을 거둘 수 있습니다.

미야자키현의 초밥생선전문점인 유신에서 제공되는 8개월 숙성한 잿방어는 츠모토식을 이용한 최고의 예로 들 수 있다. 장기보존이 가능해짐으로써 생선이라는 소재의 가능성이 요리사의 실력에 따라 크게 달라지게 되었다.

생선에 숨은 새로운 맛을 개척하다!

생선의 혈액에는 악취나 부패의 원인이 되는 성분(트리메틸아민옥시드, 활성효소 등)이 포함되어 있습니다. 츠모토식 피빼기에서는 모세혈관 곳곳까지 세척하여 이러한 성분들을 제거하고 적절히 처리함으로써 장기보존을 가능하게 하고 생선의 생명력과 근력으로부터 나오는 감칠맛 성분을 충분히 이끌어낼 수 있습니다.

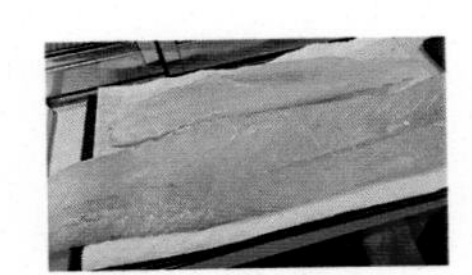

완벽에 가까운 피빼기를 함으로써 혈액, 껍질 부분 등에 있는 생선의 악취를 제거할 수 있다. 이에 따른 맛은 종래의 생선과 다를 수 있지만, 생선의 감칠맛이 향상된다.

호스 하나면 누구라도 OK!

츠모토식의 세 번째 혁명은 돈을 들이지 않고도 할 수 있다는 점입니다. "궁극의 피빼기는 간단히 피를 뺄 수 있다는 뜻을 포함한다"는 츠모토 씨의 말처럼, 처리의 대부분을 호스 하나로 간단히 해결할 수 있습니다. 그 후의 중요 처리공정인 보존 방법도 특별한 도구가 필요하지 않습니다. 즉, 일반 가정에서도 얼마든지 적용할 수 있는 기술입니다.

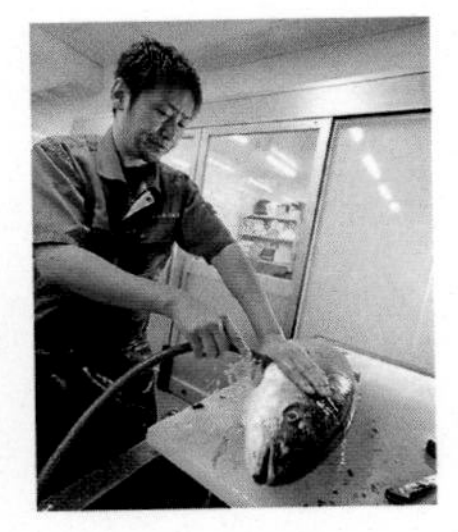

츠모토식을 접해보거나 동영상을 본 사람들은 이렇게 말한다.
"특수한 노즐로 피빼기를 해야 한다고 생각할 수 있지만, 실제로는 호스 하나로도 많은 처리가 가능하다."

※ '츠모토식'은 츠모토 미츠히로 씨가 고안한 전처리 과정 전체를 가리키며, '궁극의 피빼기'는 꼬리를 절단하고 아가미막을 제거한 동맥에 호스로 물을 주입하는 피빼기 방식을 말합니다.

먼저 알아야 할 '츠모토식 기본 차트'

적절한 전처리는 생선 본연의 맛을 살리고 장기보존을 가능하게 합니다. 각각의 방법과 순서에는 나름의 이유와 의미가 있으므로 확실하게 이해하여 실행하는 것이 좋습니다.

01 뇌 찌르기

생선을 포획한 후 에너지의 원천인 ATP(아데노신 삼인산)를 최대한 보존하기 위해 재빨리 뇌사 상태로 만드는 것이다. 좀 더 완벽하게 하려면 곧바로 신케지메(신경을 끊어 생선의 운동능력을 완전히 없애는 작업)를 실시한다(꼭 노즐을 이용하지 않아도 됨). 활어라면 반드시 해야 한다.

- 뇌 찌르기에 따라 '맛'이 바뀐다!
- 완벽하게 하려면 신케지메를!

02 아가미막 자르기 (동맥 절단)

츠모토식에서 핵심 공정의 하나로 생선의 척추를 따라 흐르는 동맥을 아가미막 부분에서 절단하는 작업이다. 아가미막에 물을 주입하여 생선의 피를 뺀다. 세심하게 하지 않으면 실패할 가능성이 높으므로 주의를 요한다.

- 츠모토식 전처리의 핵심 공정

03 꼬리에 칼자국 내기

꼬리를 절단하여 척추 위의 신경과 척추 밑의 동맥을 노출시킨다. 아가미쪽에서 주입한 물의 배출구를 만드는 작업으로 이를 통해 효율적인 피빼기가 가능하다. 신경구멍에 노즐을 끼우고 물을 통과시킴으로써 신경조직도 배출할 수 있다.

- 동맥 노출 필수!
- 신경조직은 꼭 제거하지 않아도 된다

07 아가미 제거

궁극의 피빼기를 완료하고 나서 부패의 원인이 될 수 있는 아가미를 제거한다. 순서만 알면 간단히 처리할 수 있다. 아가미를 제거한 다음 내장쪽의 막을 칼로 찢으면 내장을 꺼내기가 쉬워진다. 피빼기가 비교적 잘되었다면 아가미의 빨간색이 거의 사라지고, 아주 잘되었을 경우에는 흰색을 띤다.

- 아가미의 피를 빼고 먹는 요리도 있다

08 배 가르기

항문부터 배쪽 지느러미까지 칼집을 낸다. 이때 울대까지 칼집을 내지 않는 이유는 부패나 산화의 원인이 되는 칼집을 되도록 적게 하려는 것이다. 만약 울대까지 갈랐다면 수분을 흡수하는 종이로 노출 부분을 감싸도록 한다.

- 배 가르기의 기본은 항문부터 배쪽 지느러미까지

09 내장 처리

내장의 보존기간을 늘리기 위한 전처리 공정이다. 츠모토식의 효과는 내장에까지 미치는데, 실제로 먹어보면 그 효과를 실감할 수 있다. 상세한 방법은 뒤(p.25 참고)에 나오지만, 항문(장)을 절단하고 호스 등을 사용하여 흐르는 물로 씻어내면서 전체를 꺼내면 된다.

- 호스나 기구를 사용하면 쉽게 할 수 있다

13 봉투에 넣기 (탈기)

탈기(脫氣, 공기 빼기)할 때 가장 주의할 점은 생선의 살에 손상을 주지 않는 것이다. 탈기의 주목적은 생선의 선도를 유지하는 것 외에 다음 공정을 위한 최적의 상태를 만드는 것이다. 츠모토식에서는 냉수보존을 추천하는데, 생선이 물에 직접 닿지 않게 하면서 냉온을 유지하는 것이 중요하다.

- 진공 상태로 만들려는 것이 아니다!
- 냉수보존 상태를 효과적으로 유지하는 것이 관건

14 냉수보존 (재우기)

츠모토식에서는 생선이 얼지 않을 정도인 2 ~ 5℃의 물이 담긴 용기에 탈기한 생선을 넣어 보존하는 것을 권장한다. 온도 변화를 최소화할 수 있기 때문이다. 또한 생선에 불필요한 스트레스를 주지 않으며, 적당한 수압에 의한 탈수 효과 등의 장점이 있다.

- 냉수보존은 선도 유지의 키포인트
- 아이스박스를 이용할 때는 얼음을 활용한다

15 숙성

재워둔 생선의 상태를 파악하여 가장 맛있는 타이밍에 먹거나 서비스하는 기술이다. 한마디로 어떤 원리가 생선의 감칠맛을 가감시키는지를 이해하여 최상의 맛을 연출하는 기술이라고 할 수 있다. 츠모토식에서는 냉수보존으로 숙성을 시키는데, 오래 재운다고 해서 맛이 좋아지는 게 아니므로 숙성의 원리와 타이밍을 숙지하는 것이 중요하다. 알레르기를 유발하는 히스타민중후군이나 식중독 등을 예방하는 차원에서도 필히 알아두어야 한다.

- 숙성은 생선의 감칠맛을 높이는 기술
- 식중독 등에 주의해야

04 신경구멍에 노즐 넣기

꼬리 절단으로 노출된 신경구멍에 노즐을 끼우고 물을 주입하여 신케지메를 행하는 작업(특히 생선이 살아 있을 때 유효)이다. 부패의 요소가 되는 신경조직을 뇌 찌르기에서 뚫은 구멍으로 배출하는 작업이기도 하다.

- 활어에는 신케지메를!
- 활어가 아니라면 생략해도 괜찮다

05 동맥구멍에 노즐 넣기

꼬리 절단으로 노출된 동맥구멍(척추 아래쪽)에 노즐을 끼우고 물을 주입하여 피빼기를 행하는 작업이다. 호스의 수압이 끝까지 닿지 않을 수 있는 대형 생선이나 길쭉한 생선 등에 특히 유효하다. 완벽한 피빼기를 위해 꼭 필요한 공정이다.

- 대형 생선, 긴 모양의 생선 등에 특히 유효
- 전문 요리사를 위한 전처리 공정

06 궁극의 피빼기 (호스)

2번 공정(아가미막 자르기)에서 생긴 아가미막의 절단면에 호스를 대고 수압을 가한다. 잘린 동맥 부분에 몇 초간 물을 주입하면 앞에서 자른 꼬리 부분에서 피나 물이 나온다. 안 나온다고 해도 실패라고 할 수는 없다.

- 츠모토식 피빼기에서 가장 중요한 공정
- 물을 오래 주입하지 않는 것이 포인트!

10 신장 처리

내장을 꺼낸 다음에는 척추를 따라 분포한 신장과 동맥 부분을 칼로 잘라 긁어낸다. 츠모토 씨가 개발한 도구를 이용하면 편리하지만, 대나무꼬챙이나 나무젓가락 등을 대신 쓸 수도 있다. 부패의 요소가 될 수 있으므로 말끔히 제거하는 것이 좋다.

- 츠모토 씨가 개발한 도구를 사용하면 편리하다
- 대나무꼬챙이 등을 사용해도 된다

11 세워놓기 (피빼기·물빼기)

단순한 작업 같지만 츠모토식에서 중요한 공정의 하나다. 생선에 남아 있는 수분과 핏기를 빼는 작업으로 15 ~ 30분 정도 세워두면 피빼기의 공정이 거의 완료된다.

- 머리를 아래 방향으로 세워놓는다
- 여름에는 온도가 낮은 곳에서

12 종이로 감싸기

생선을 종이로 감싸는 이유는 2가지다. 생선에서 나오는 액체 등을 흡수(미트페이퍼 사용. 해동지라고도 함)하고, 이후 공정에서 봉투 등에 넣을 때 찢어지지 않게 보호(그린패치 사용. 내수지라고도 함)하는 것이다. 키친타월이나 신문지 등을 사용할 수도 있다.

- 봉투가 생선 가시 등에 찢기지 않도록 보호
- 키친타월이나 신문지도 사용 가능

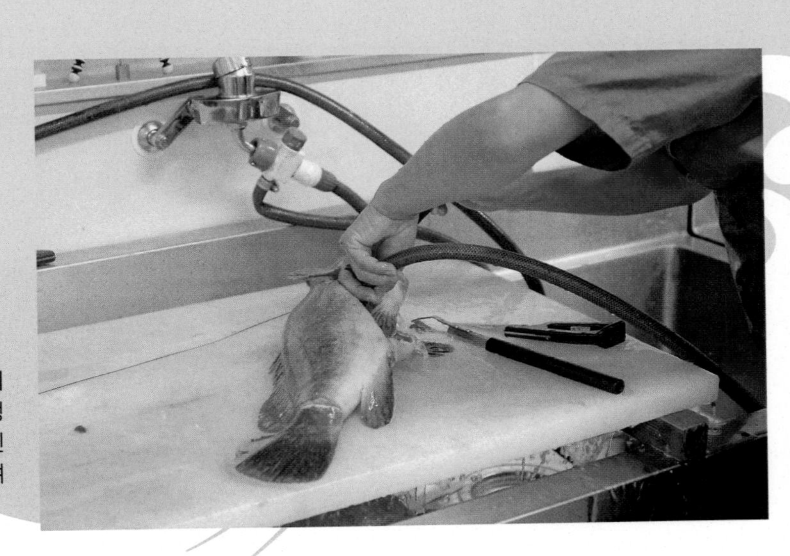

각각의 공정과 처리 방법에는 츠모토 씨의 경험과 이론적 근거가 있습니다. 정확히 이해하고 실행하다 보면 필수적인 과정과 생략할 수 있는 부분을 분별하여 작업할 수 있습니다.

01

뇌 찌르기

츠모토식 기본 차트

ATP를 보존하는 츠모토식 공정의 출발점

뇌를 단번에 확실히 파괴하여 활어의 움직임을 멈추게 하는 츠모토식의 첫 공정이다. 이 공정이 잘되지 않으면 생선이 계속 날뛰게 되고, 에너지원인 ATP가 감소하게 된다. ATP는 시간이 지나면서 감칠맛을 내는 이노신산으로 변하기 때문에 원래 상태를 유지하는 것이 중요하다. 뇌의 위치를 확인한 후 두개골의 딱딱한 부분을 피해 칼을 넣고 칼끝을 비틀어 활어를 뇌사시킨다. 이때 생긴 구멍은 이후 '신경구멍에 노즐 넣기' 공정에서 신경이 빠지는 출구가 된다.

뇌 찌르기는 소형 어종을 제외하고는 반드시 해야 한다. 활어가 아닌 선어의 경우에도 뇌 찌르기를 하는데, 부패의 원인이 될 수 있는 신경조직을 제거해야 하기 때문이다. 이 같은 처리가 필요 없는 경우에는 생략해도 된다.

p. 10~29

샘플 어종

방어

일본 전역에서 잡히는 대표적인 회유어(일정한 경로를 따라 이동하는 어류)다. 간토(관동)지방에서는 모자코→와카시→이나다→와라사→부리로, 간사이(관서)지방에서는 모자코→쓰바스→히마치→메지로→부리로 불리는 출세어(성장 과정마다 불리는 명칭이 다른 어종)이기도 하다. 불리는 명칭이 지역마다 조금씩 다르다. 클수록 기름지며, 숙성하기에 따라 최고의 육질을 내는 어종이다.

가장 맛좋은 시기

1월	2월	3월	4월	5월	6월	7월	8월	9월	10월	11월	12월

기름기가 많은 12~2월 겨울철에 제일 맛있다. 3월이 되면 알을 배기 시작하여 기름기가 감소한다. 3월부터 맛이 좋아지는 곳도 있지만, 미야자키현의 여름 방어는 몸이 말라 있다. 이와 달리 살이 오른 정어리를 먹은 북해도의 방어는 여름에 맛이 좋다. 지역별로 다르므로 꼼꼼히 확인할 필요가 있다.

단기숙성	○	중기숙성	△
장기숙성	×	초장기숙성	×

1 생선을 확실히 누른다

뇌 찌르기

뇌 찌르기는 기본적으로 살아 있는 생선에 가하는 작업이다. 제일 먼저 생선이 움직이지 않도록 해야 하는데, 대형 어종은 미끄러지지 않도록 스펀지 위에 눕히고, 고무깔창의 신발로 누른다. 맨손으로 하는 것보다 단단히 생선을 고정시킬 수 있고, 생선의 가시나 이빨로 인한 부상 확률을 줄여준다.

사진처럼 생선을 활 모양으로 휘어서 누르면 움직임을 멈출 수 있다. 방어 등의 대형 어종을 다룰 때 반드시 알아두어야 할 요령이다.

중요도

★★★

★ = 안 해도 되는 작업 / ★★ = 하는 것이 좋다 / ★★★ = 꼭 해야 한다

뇌 위치 찾기

기본적으로 어류의 뇌 위치는 엇비슷하다. 바로 아감딱지의 연장선과 눈과 코를 잇는 연장선이 만나는 지점이다. 생선에 따라 이 지점이 움패어 있거나 색이 다른 경우도 있으므로 기본 위치를 중심으로 각 생선의 특징을 파악할 필요가 있다.

칼을 40 ~ 45도의 각도로 찌른다

눕힌 생선을 수직으로 찌르려고 하면 딱딱한 두개골이 방해될 수 있다. 수직으로 찌르지 말고 등쪽으로 40~45도 정도 눕힌 상태에서 칼로 찌르면 작업이 보다 용이하다. 찌를 때는 주저 없이 힘을 주어 단번에 찔러야 한다. 칼끝이 뇌를 찌르면 생선이 경련을 일으키다가 이내 움직임을 멈춘다. 약하게 찔러 칼끝이 뇌에 닿지 않으면 계속 날뛰게 되므로 조심해야 한다. 낚싯배에서 작업할 경우에는 칼끝이 배의 갑판을 손상시키지 않도록 주의한다.

*도구에 대해서는 p.30~33 참고

칼끝을 45도 비튼다

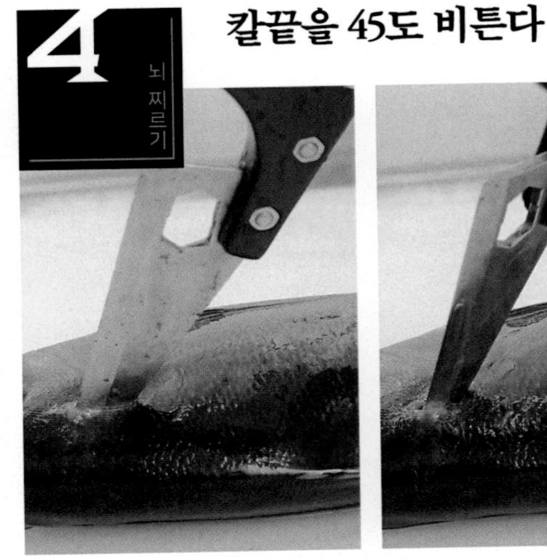

뇌를 찌른 상태에서 칼끝을 45도 정도 비튼다. 단순히 뇌를 찌르는 것과 달리 확실히 파괴하여 뇌사시키는 것이다. 도구는 어쌔신나이프처럼 칼끝이 예리한 칼을 사용하는 것이 좋다. 끝부분이 날카로운 가위도 사용할 수 있다. ※사진은 벤자리

ONE POINT LESSON

현장에서 신케지메까지 완료하면 더욱 좋다!

낚시터 등에서 갓 잡은 생선에 뇌 찌르기를 한 후 바로 신케지메까지 하면 근육의 움직임을 확실히 멈추게 하는 동시에 ATP의 감소를 막을 수 있다. 자른 꼬리의 신경구멍으로 신케지메 전용 와이어를 삽입한다. 사진의 참돔처럼 콧구멍으로 와이어를 넣을 수 있는 어종도 있다.

아가미막 자르기

츠모토식 기본 차트

츠모토식 중요 공정의 하나 동맥 절단은 피빼기의 기초라고 할 수 있다.

아가미가 아닌 아가미 위의 막을 잘라서 척추 밑을 지나는 동맥 부분을 절단하는 작업이다. 매우 중요한 공정으로 제대로 이행하지 않으면 츠모토식이 성립되지 않는다고 해도 과언이 아니다. 오른쪽 페이지의 '생선의 구조'를 참고하여 확실히 완수한다. 아가미막을 자른 부분에 내압호스를 대고 수압으로 생선의 피를 빼내려면 아가미막을 많이 자르지 않는 것이 좋다.

1 아가미막 자르기

아가미막을 노출시킨다

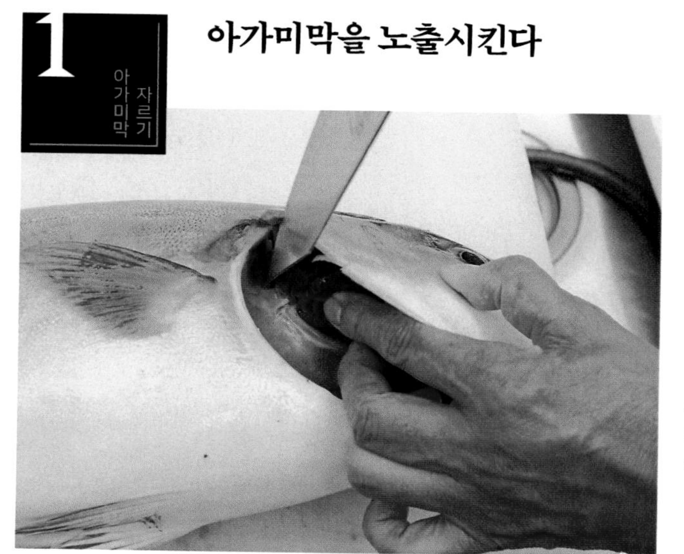

아감딱지에 손가락을 넣어 벌리면 아가미가 보인다. 아가미를 하나씩 넘기다 보면 마지막 아가미가 막과 함께 몸에 이어져 있는 것을 볼 수 있다. 이것이 아가미막이다. '아가미막 자르기'의 공정이지만 결국 절단하려는 것은 아가미막 속에 있는 척추 밑의 동맥이다. 그러므로 아가미의 상단 부분을 찔러야 한다.

2 아가미막 자르기

아가미막을 자르고 동맥에 칼을 댄다

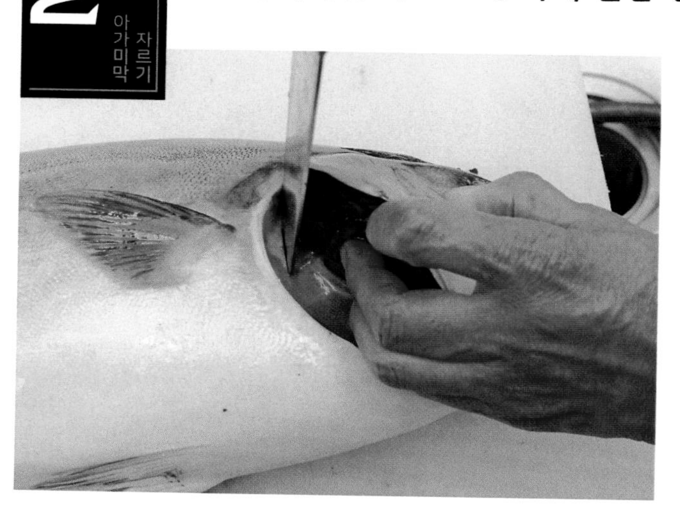

아가미막을 칼로 찔러 구멍을 내고 칼끝을 막 안에 있는 척추에 댄다. 척추에 칼을 댄 상태에서 칼을 당겨 안쪽의 동맥을 자른다. 여기서 잘린 구멍이 궁극의 피빼기를 위해 호스로 물을 주입하는 입구가 되므로 매우 중요한 공정이다.

중요도

3 아가미막 자르기

궁극의 피빼기의 기본 완성

아가미막 뒤의 동맥을 자른 상태. 궁극의 피빼기 공정에서는 여기에 호스를 대고 척추와 아가미막 구멍 사이에 호스 끝을 끼워 동맥에 물을 주입한다. 이 공정을 제대로 수행하지 않으면 츠모토식이 성립되지 않는다.

【생선의 구조】

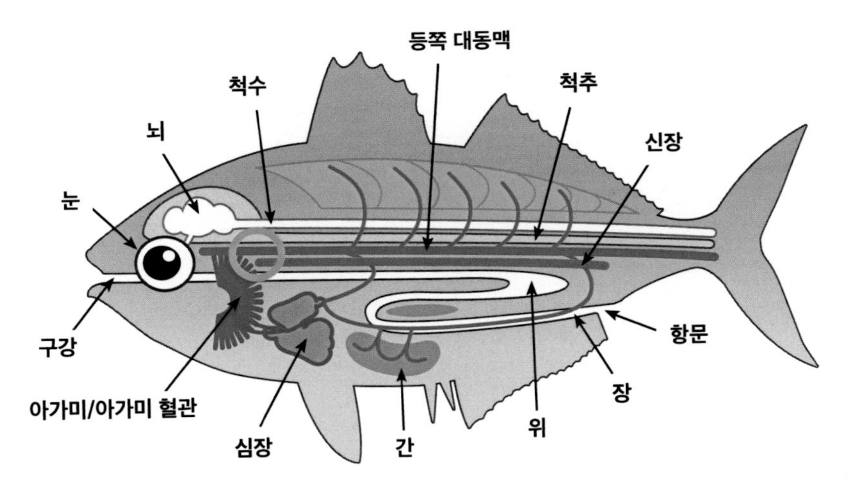

기본적으로 생선의 혈액순환은 위 그림과 같다. 심장에서 보내진 혈액은 동맥을 경유하여 전신의 혈관에 흐르고 산소가 감소한 혈액은 다시 아가미에서 산소를 보충하여 심장으로 돌아간다.
아가미막 자르기는 아가미막 속의 척추를 따라 지나가는 배쪽 동맥의 앞부분을 절단하여 물을 주입하는 입구를 만드는 것이 목적이다. ○로 표시한 곳이 이 공정에서 자르는 부분이다.

ONE POINT LESSON

츠모토식은 일종의 해부학이다. 생선의 구조를 알아야 정확한 응용이 가능하다!

츠모토식은 매우 논리적인 피빼기 방법이다. 각각의 공정은 동영상이나 사진만 보고도 어느 정도 따라 할 수 있지만, 확실히 이해하여 나의 것으로 만들려면 생선의 구조를 면밀히 파악해야 한다. 해부학적 이해가 가능하면 응용을 포함한 자신만의 스타일 확립도 어렵지 않다.

꼬리에 칼자국 내기

중요도

신경구멍과 동맥구멍을 노출시켜 처리를 준비한다.

츠모토식의 특별한 공정 중 하나로 꼬리를 절단하여 생선의 척추 위아래에 있는 신경구멍과 동맥구멍을 노출시키는 작업이다. 또한 노즐로 피빼기, 신경빼기를 하기 위한 준비이자 호스로 피나 물을 빼는 길을 확보하는 작업이기도 하다. 생선의 구조를 잘 알면 꼬리를 자르지 않고 처리하는 방법도 있으나, 작업의 효율과 피빼기의 정밀도 측면에서 보다 유리한 꼬리 자르기를 추천한다.

1 꼬리에 칼자국 내기

꼬리를 절단할 위치를 정한다

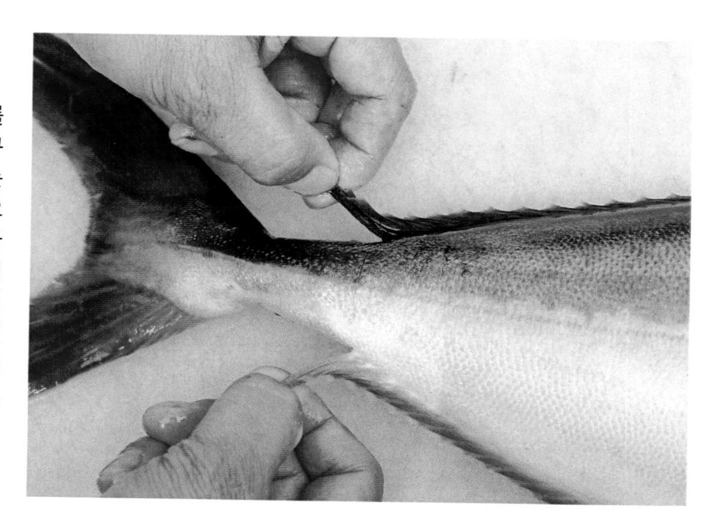

엄밀하게 말해서 꼬리를 자르는 위치는 원하는 구멍의 크기를 만들 수 있는 곳이다. 하지만 일반적으로는 등지느러미 끝쪽과 꼬리가 시작되는 사이의 라인을 위치로 삼는다. 너무 끝쪽을 자르면 구멍이 작고 가운데쪽을 자르면 살을 많이 버리게 되므로 주의를 요한다.

2 꼬리에 칼자국 내기

칼날이 척추에 닿을 때까지 자른다

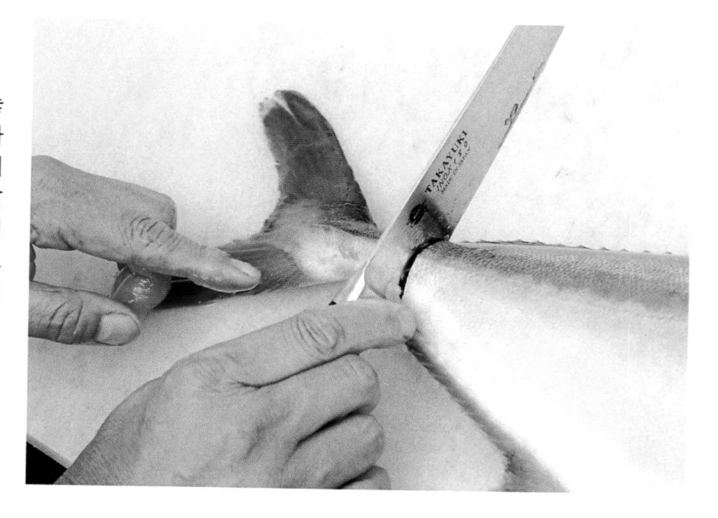

생선에 칼을 수직으로 놓고 척추에 닿을 때까지 자른다. 한 번에 힘을 주어 자르기보다 되도록 칼날을 길게 사용하여 손상이 가지 않도록 자르는 게 포인트. 척추 절단면이 뭉개지면 신경구멍이나 동맥구멍을 찾기가 어려우므로 주의한다.

3 꼬리에 칼자국 내기

척추 절단

칼턱을 척추 중앙에 닿게 하고 칼등을 쳐서 단번에 척추를 절단한다. 이때 꼬리를 완전히 잘라버리면 이후 공정에서 생선을 손으로 잡을 때 불편하므로 끝까지 자르지 말고 남겨둔다. 츠모토 씨는 보기 좋게 하기 위해 자른 후 생선의 머리를 왼쪽으로 향하게 함으로써 절단면이 보이지 않게 한다.

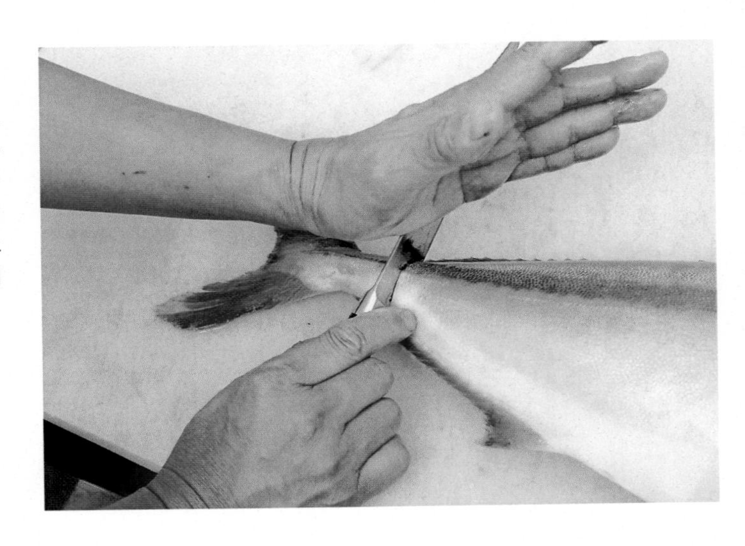

4 꼬리에 칼자국 내기

노즐을 꽂을 구멍이 선명하게 보이면 성공

신경구멍과 동맥구멍이 바로 보이면 성공. 두 구멍을 선명하게 노출시키는 것이 가장 중요하다. 또한 사용할 노즐의 구경과 양쪽 구멍의 크기를 맞춰보아야 한다. 츠모토 씨는 다양한 생선 종류에 맞추어 5종류의 노즐을 사용한다. 구멍에 맞는 노즐을 갖고 있지 않다면 노즐 크기에 맞는 곳을 잘라야 한다. 구멍의 크기를 조절하기 힘든 어종도 있지만, 더 큰 구멍을 찾으려면 몸통에 가깝게 자르는 위치를 조정하면 된다.

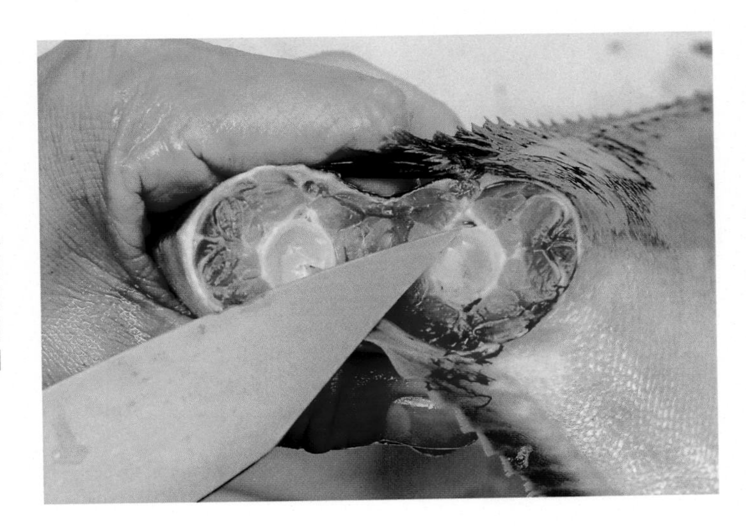

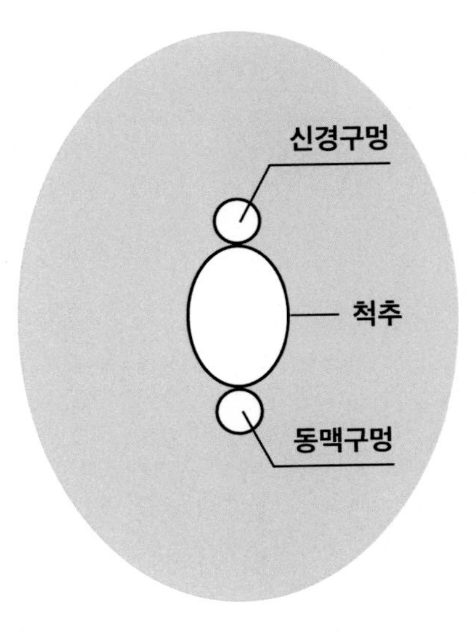

꼬리는 꼭 잘라야 할까?

노즐을 동맥구멍이나 신경구멍에 넣을 수 없는 작은 생선의 경우에도 꼬리는 궁극의 피빼기에서 동맥의 피를 씻어내는 배출구 역할을 하므로 자르는 편이 좋다. 다만 너무 손이 많이 가는 작은 생선은 꼬리를 자르지 않아도 된다.

04 신경구멍에 노즐 넣기

츠모토식 기본 차트

신케지메와 같은 효과 그리고 부패하기 쉬운 부분의 제거

앞의 작업에서 노출된 신경구멍에 노즐을 넣어 신케지메를 하는 작업이다. 노즐의 수압으로 신케지메를 하는 이유는 2가지다. 즉, 후속 작업을 순조롭게 하는 효율화와 부패의 원인이 되는 신경조직의 제거다.

뇌 찌르기 전에 신케지메를 하는 것은 좋지 않다. 이것은 마치 치과에서 마취하지 않은 채로 치아에 드릴을 들이대는 것과 다름없다. 생선은 통증을 느끼지 못한다고 하지만, 신케지메를 먼저 하면 스트레스가 생길뿐더러 ATP를 감소시킨다. 생선의 사후경직이나 경련 같은 반응을 일으키지 않고 ATP 감소를 막으려면 이 순서를 꼭 지켜야 한다.

1 노즐 넣기 신경구멍에

노즐을 신경구멍에 꽂는다

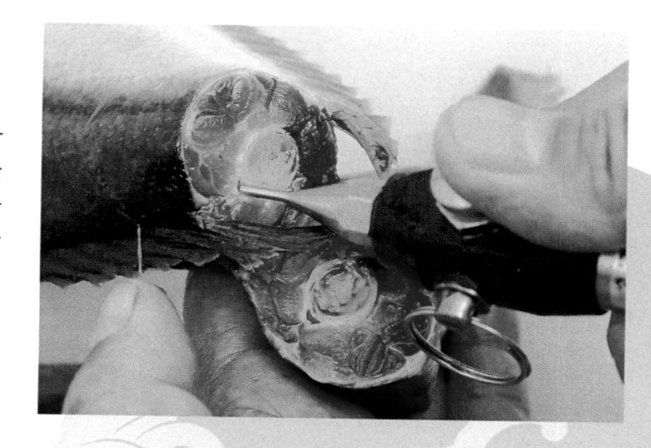

척추의 등쪽에 있는 신경구멍을 찾아 꼬리 절단면과 수직 방향으로 노즐을 꽂는다. 구멍에 꽂을 수 있는 가장 큰 구경의 노즐을 사용하면 신경을 밀어내는 수압을 확보할 수 있다.

ONE POINT LESSON

신케지메는 와이어로도 가능하지만…

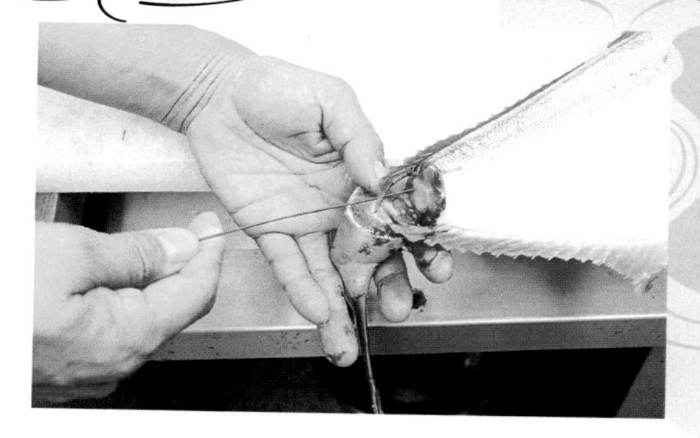

신케지메는 와이어로도 가능하다. 하지만 부패의 원인이 되는 신경조직의 배출은 노즐로만 가능하다. 보다 완벽한 전처리를 원한다면 노즐로 신경조직을 제거하는 법을 익혀야 한다. 노즐로 제거할 수 없는 경우에는 와이어로 빼낸 뒤 노즐 작업을 한 번 더 하는 것이 좋다.

2 노즐 넣기 신경구멍에

물로 신경조직을 제거한다

노즐을 신경구멍에 끼운 상태에서 잘 고정시킨 후 물을 주입한다. 그러면 고압의 물이 척추를 따라 뇌부터 꼬리까지 이어진 신경조직을 밀어낸다. 신경조직의 출구는 뇌 찌르기에서 뚫은 구멍이다. 이 구멍에서 하얀 실끈 같은 신경조직이 새어나오면 성공이다. 나오지 않는다 해도 실패라고 할 수는 없다.

중요도 ★★

동맥구멍에 노즐 넣기

아래 부분의 동맥과 모세혈관에 물을 주입한다.

꼬리를 잘라 노출시킨 척추의 배쪽에 있는 동맥구멍에 노즐을 넣어 수압으로 껍질 부위와 모세혈관의 피를 빼내는 작업이다. 작업의 효율성을 따지지 않는다면 다음 공정인 아가미막쪽에서 수압을 넣는 '궁극의 피빼기'를 먼저 해도 괜찮다. 이 작업은 궁극의 피빼기에서 효과가 덜 미치는 부위(아가미에서 먼 꼬리 부분)의 피를 정밀하게 빼내는 것이다. 크게 보면 생략해도 되지만, 완벽한 전처리를 위해서는 필수 작업이라고 할 수 있다.

1 동맥구멍에 노즐 넣기

노즐을 동맥구멍에 꽂는다

척추의 배쪽에 위치한 동맥구멍에 절단면과 수직 방향으로 노즐을 꽂는다. 무리하게 끝까지 꽂을 필요는 없다. 자칫 혈관과 살에 상처가 생길 수 있다. '신경구멍에 노즐 넣기'에서와 마찬가지로 구멍에 꽂을 수 있는 가장 큰 구경의 노즐을 사용하면 효율을 높일 수 있다. 노즐을 제대로 꽂지 않고 수압을 가하면 살에 물이 들어가므로 주의한다.

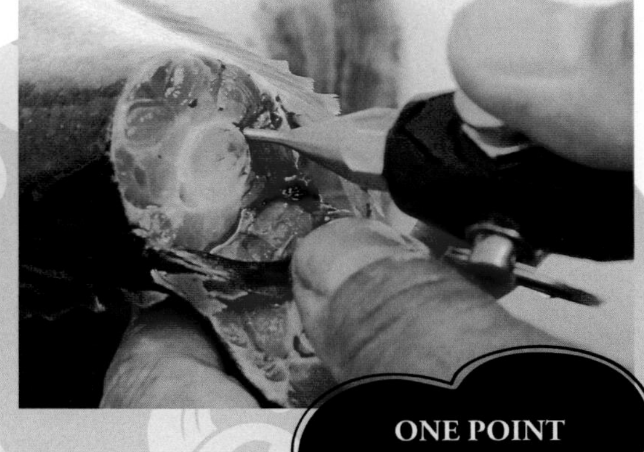

ONE POINT LESSON

동맥구멍에 노즐이 맞지 않을 때는?

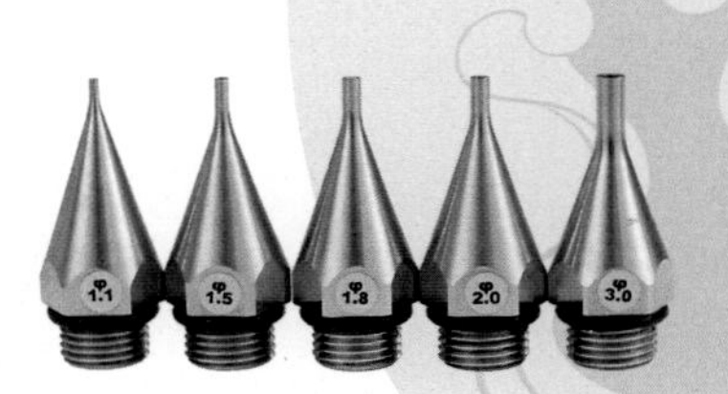

동맥구멍보다 노즐의 구경이 크면 구멍에 맞는 크기의 노즐을 고른다. 노즐의 구경이 동맥구멍보다 작을 경우에는 조금 세게 밀어넣고 수압을 가하면 된다. 만약 용도에 맞는 노즐이 없다면 무리해서 진행하지 말고 생략한다.

2 동맥구멍에 노즐 넣기

꽉 잡고 물을 주입한다

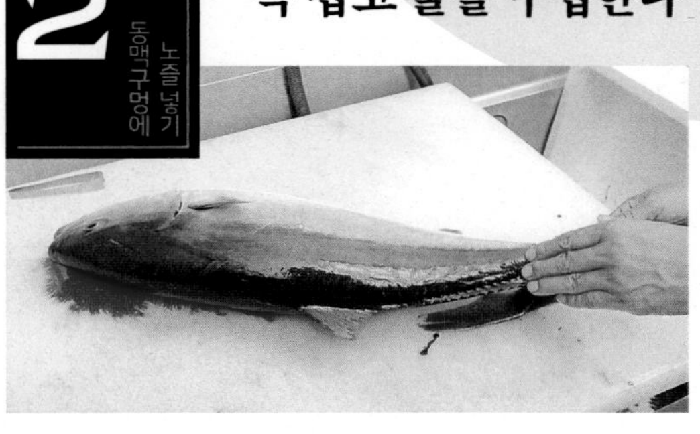

노즐이 동맥구멍에 정확히 들어가 있는 것을 확인한 다음 물을 주입한다. 아가미막을 자른 곳에서 물이 섞인 피가 배출되면 작업이 잘된 것이다. 무엇보다 중요한 점은 다음 공정인 '궁극의 피빼기'의 효과가 미치기 힘든 꼬리 부분의 모세혈관에 수압을 가하는 것이다.

3 동맥구멍에 노즐 넣기

생선이 팽팽해지는 것을 확인한다

물이 들어가면 꼬리 주변이 팽팽해진다. 손으로 확인하면서 단단하게 부풀어오를 때까지 수압을 유지한다. 수압이 지나치면 혈관과 살이 터질 수 있으므로 주의한다.

중요도 —

★★

06

츠모토식 기본 차트

궁극의 피빼기

중요도 ★★★

츠모토식 피빼기에서 가장 중요한 공정
호스의 수압을 동맥에 가한다.

츠모토식에서 가장 중요한 공정이다. 앞의 아가미막 자르기에서 생긴 동맥 절단부에 호스를 대고 수압을 가해 혈관을 압박한다. 절단한 동맥에 물을 주입하여 생선의 혈관 곳곳에 물이 들어가게 한다.
껍질과 살, 뼈의 주변, 내장, 아가미 등에 분포되어 있는 모세혈관에 영향을 미치는 이 작업을 거치면 생선의 피가 말끔히 제거된다. 피 냄새의 주성분(트리메틸아민 등)이나 부패의 원인인 효소류가 효과적으로 제거되어 생선의 보존기간을 연장시켜준다. 물은 반드시 민물을 사용한다.

1 호스를 동맥구멍에 댄다

궁극의 피빼기

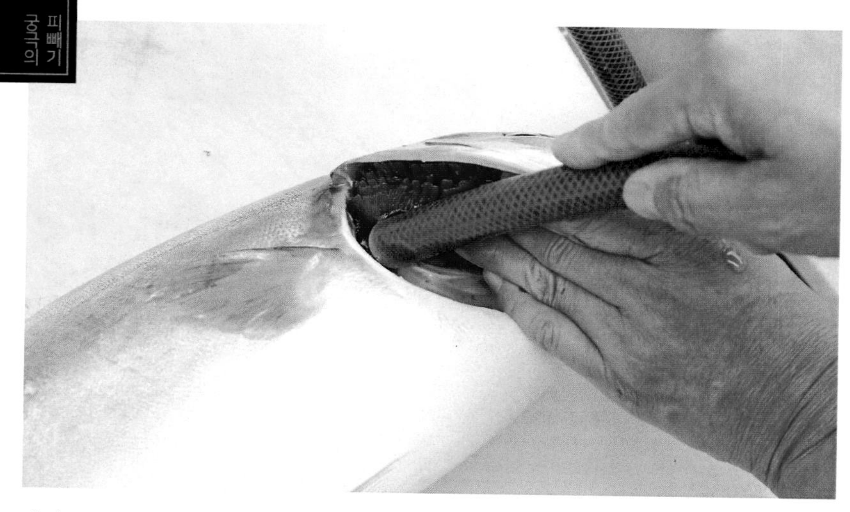

생선을 잡고 아감딱지를 열어 그 안의 아가미를 젖히고 아가미막을 노출시킨다. 그다음 아가미막 자르기 공정에서 생긴 구멍에 호스를 가볍게 댄다. 물을 주입할 곳은 아가미막 속의 동맥 절단면이다. 구멍에 호스를 댄 상태에서 수압이 분산되지 않도록 손으로 감싸듯 눌러주면 물이 동맥의 절단면을 따라 순조롭게 들어간다.

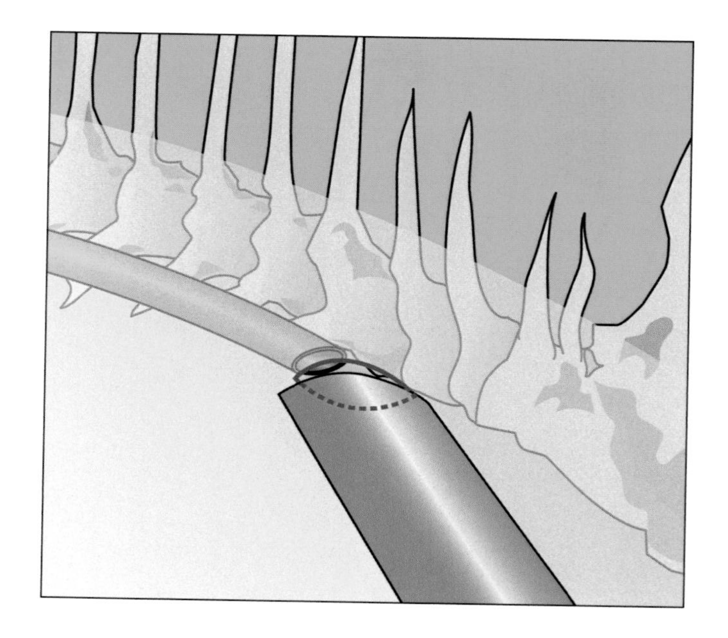

2 궁극의 피빼기

손으로 호스를 덮고 물을 주입한다

아가미막 안의 구멍에 호스를 댄 상태에서 수압이 분산되지 않도록 호스 입구와 아감딱지를 손으로 잡고 생선을 잡은 상태에서 수압을 가한다. 이때 호스 위치를 머리쪽으로 약간 눕혀 수압이 꼬리쪽을 향하게 하는 것이 요령이다.

3 궁극의 피빼기

생선이 팽팽해짐을 확인한다

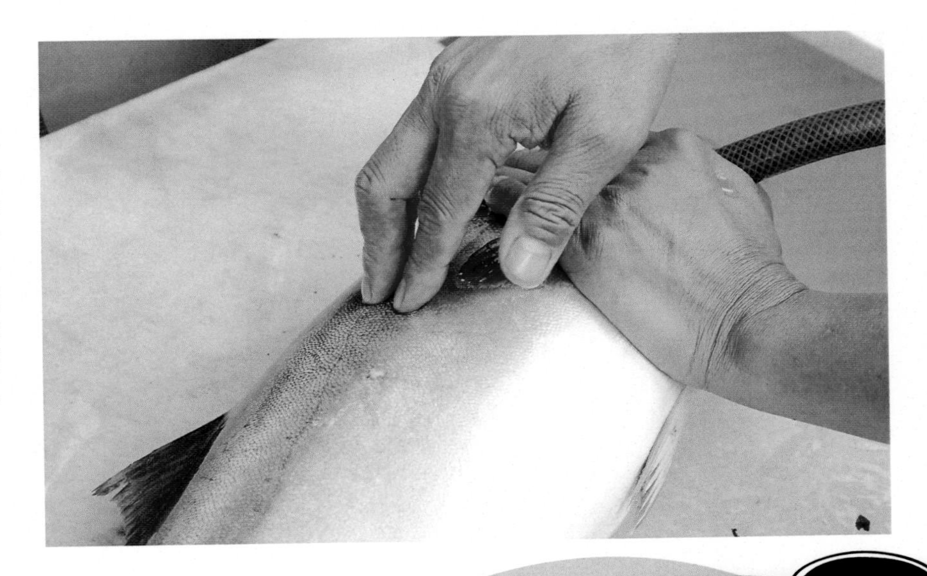

물을 주입하면 생선이 점점 부풀어오른다. 손가락으로 생선 표면을 살짝 눌러 확인하면서 단단해졌을 때 수압을 멈춘다. 생선이 팽팽해지지 않는다면 수압에 문제가 있는 것이므로 아가미막 자르기가 잘못되었는지, 호스의 위치가 어긋나 있지 않은지 등을 검검한다. 어종에 따라 팽팽해지는 정도가 다르므로 생선이 손상되지 않도록 주의해야 한다. 물이 나오게 하려고 무리하게 주입하면 혈관이나 살에 손상을 일으킬 수 있다.

ONE POINT LESSON

꼬리 절단면에서 물이 나오지 않아도 된다!

궁극의 피빼기의 성공 여부는 생선의 팽팽함과 꼬리의 동맥 부분에서 나오는 물로 확인할 수 있다. 물이 나오면 성공이며, 동맥의 피가 깨끗이 배출된다. 어종이나 생선에 따라 물이 잘 나오지 않는 경우도 있으므로 물이 나오게 하려고 억지로 수압을 가해서는 안 된다. 자칫 혈관이나 살이 손상될 수 있다. 가장 중요한 것은 아가미막 속의 동맥 절단면에 수압을 가해 껍질과 살, 뼈의 주변, 내장, 아가미 등의 모세혈관까지 영향을 미치는 것이다.

07

아가미 제거

츠모토식 기본 차트

중요도 ★

구조를 이해하면 어떤 생선에도 응용할 수 있다.
접촉 부분을 자르면 간편하게 제거할 수 있다.

아가미와 내장은 장기보존을 어렵게 하는 부패의 원인이 되므로 제거해야 한다. 내장보다 아가미를 먼저 제거하는데, 그래야 내장 분리가 쉬워지기 때문이다. 여러 부위에 걸친 접촉 부분을 자르면 간단히 아가미를 분리할 수 있다. 궁극의 피빼기와 노즐을 이용하여 아가미와 내장의 피도 뺄 수 있다. 생선의 상태에 따라 다르지만 피가 완전히 빠져나가 아가미가 하얘지기도 한다(그런 아가미를 이용한 요리도 있다).

1 아가미 제거 — 아감딱지에 손가락을 넣고 아가미를 들어올린다

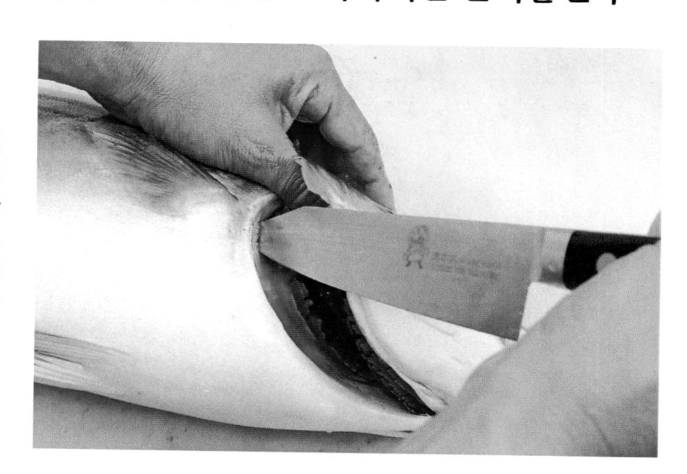

손가락으로 아감딱지를 벌리고 아가미를 들어올려 아가미막을 노출시킨다. 아감딱지와 머리 주변에 날카로운 가시와 이빨을 가진 생선이 있으므로 상처를 입지 않도록 주의한다.

2 아가미 제거 — 칼끝으로 아가미막을 따라 자른다

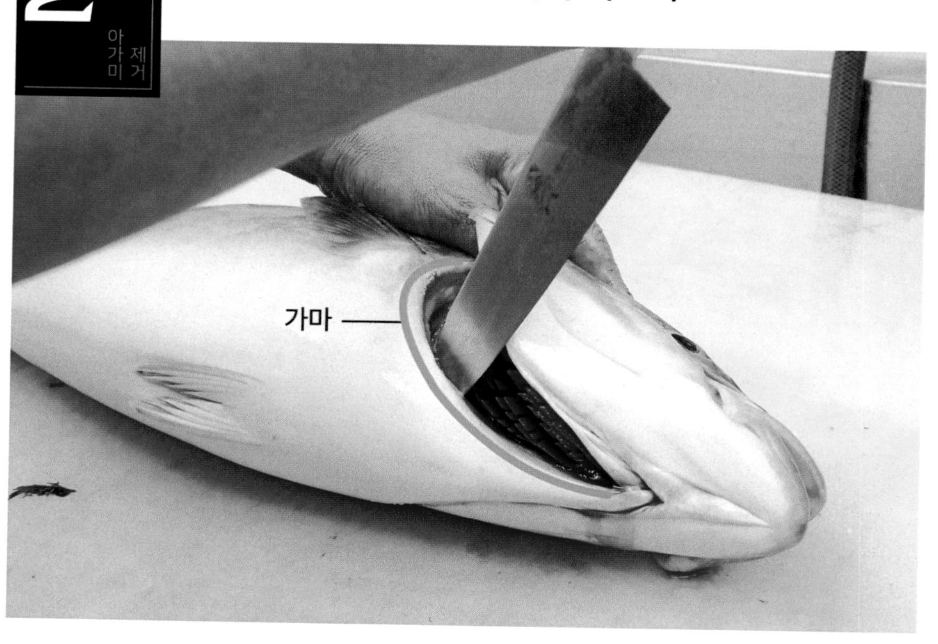

아가미막 자르기로 생긴 구멍에 칼을 넣고 가마와 막의 곡선을 따라 막을 잘라낸다. 얇은 막을 자르는 것이므로 힘을 줄 필요는 없다. 그대로 울대까지 아가미막을 자른다.

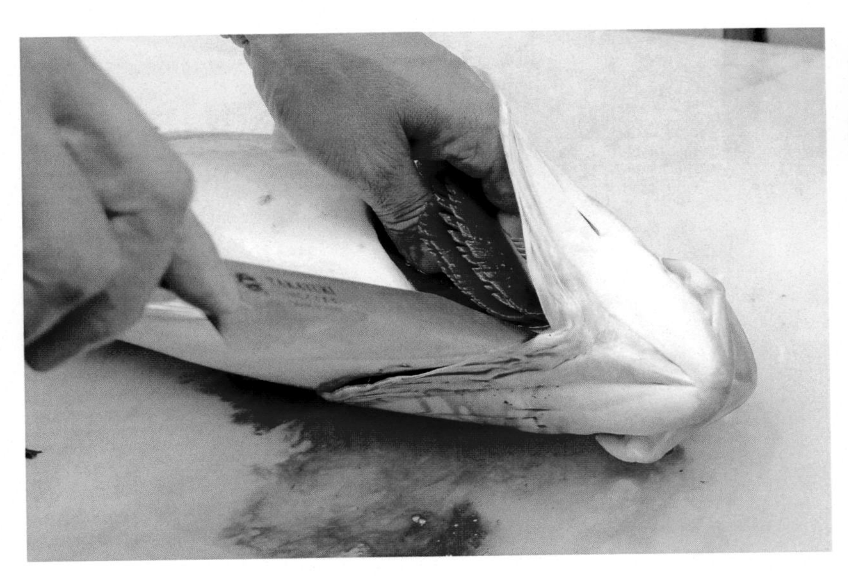

턱과 아가미 끝부분에 칼집을 내고 연결 부위를 잘라낸다

가마와 분리된 아가미를 잡고 목쪽의 가마 끝에 있는 아가미 끝부분을 자른다. 약간의 힘이 필요한 작업이다. 목쪽 끝에 있는 아가미와의 접촉 부분을 자르면 공기에 닿는 살의 절단면을 작게 할 수 있다.

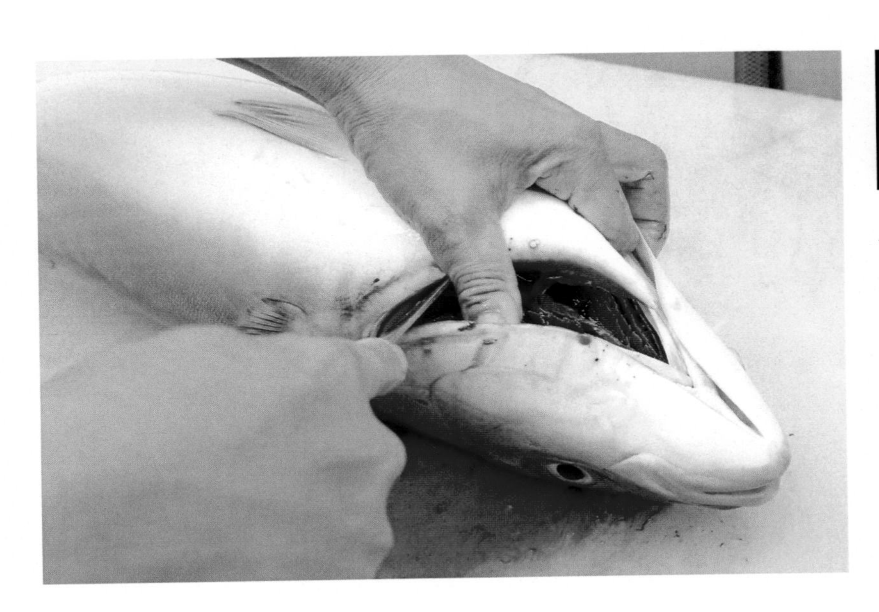

생선을 눕혀 반대쪽 아가미막을 자른다

생선을 눕혀서 울대쪽부터 반대편의 아가미막을 잘라나간다. 이때 생선을 잡고 있는 손을 다치지 않도록 주의하고, 아가미와 가마를 잇는 표면의 막만 잘라낸다.

등쪽의 아가미 접촉 부분에 칼집을 낸다

가마의 곡선을 따라 반대편의 아가미막을 자르고 나면 아가미의 접촉 부분에 칼을 넣었다 빼어 칼집을 낸다. 나중에 아가미를 떼어낼 때 용이하다.

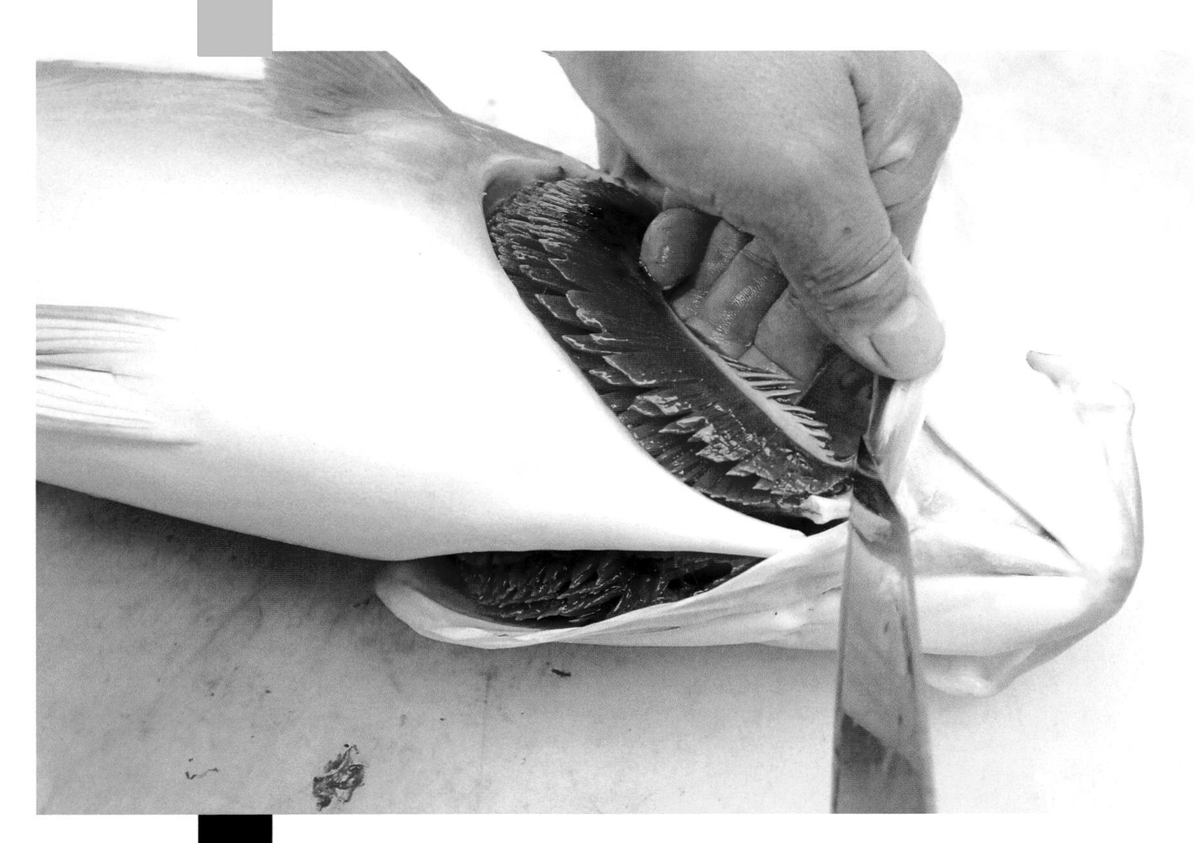

목쪽 아가미와의 연결 부분을 자른다

빨간 아가미가 붙어 있는 하얀 톱니 모양의 연골질(새궁)에 손가락을 걸고 당겨서 목쪽의 입 근처에 있는 아가미와의 연결 부분을 자른다. 손가락으로 팽팽하게 당겨서 작업하면 수월한데, 어종에 따라서는 연골질이 매우 날카로우니 조심한다.

아가미의 접촉 부분을 자르고 나서도 손가락은 그대로 아가미에 걸어둔다. 그대로 등쪽의 아가미 접촉 부분을 떼어내는 작업에 들어가므로 손가락을 걸어두면 보다 순조롭게 진행할 수 있다.

등쪽의 아가미 접촉 부분을 자른다

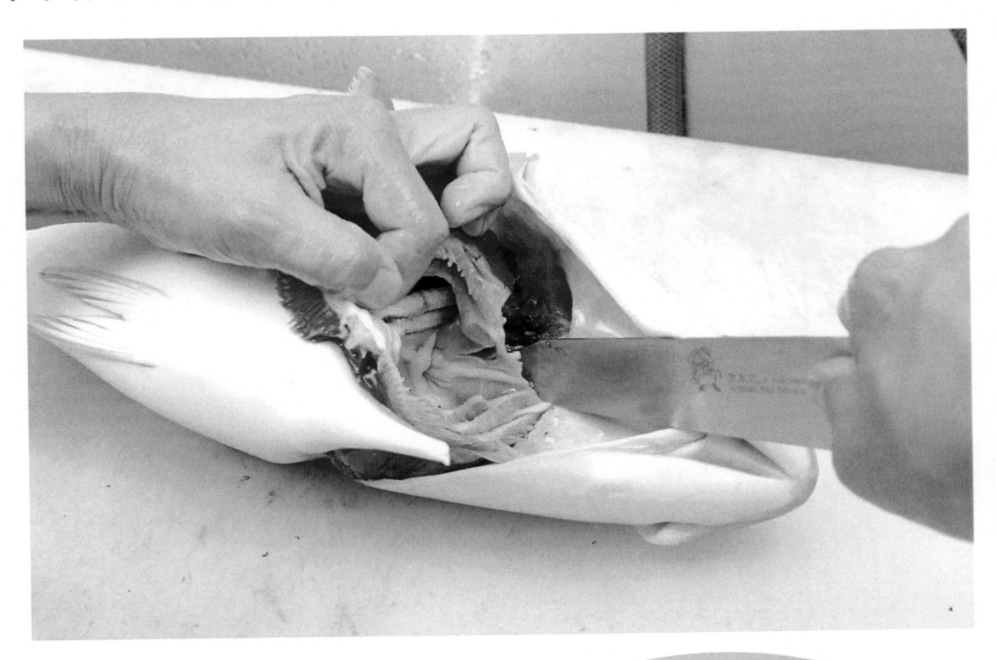

아가미에 손가락을 걸고 당기면서 등쪽의 아가미 접촉 부분을 칼로 베어나간다. 아가미를 제거하는 작업에서 가장 난이도가 높은 과정이다. 요령은 칼의 방향이다. 등에 수직으로 칼을 세워 자르려고 하면 작업하기가 어려우므로 사진에서처럼 아가미 사이와 등에 수평으로 칼을 잡고 잘라나간다.

아감딱지
CUT
CUT
새엽
새파
아가미막

ONE POINT LESSON

아가미의 구조부터 이해하자!

생선의 아가미는 활과 같은 연골질의 새궁, 먹이를 걸러내는 새파, 수중의 산소를 취하여 혈액에 녹이는 빨간 새엽으로 구성되어 있다. 이와 같은 아가미를 제거할 때 칼에 힘을 주어야 할 곳은 'CUT'라고 쓰인, 등쪽과 목쪽에 이어져 있는 두 부분이다. 아가미막은 가마와 아가미 사이에 있는 얇은 막으로 손쉽게 자를 수 있다.

아가미를 통째로 제거한다

순서에 따라 차근차근 아가미의 접촉 부분을 떼어내면 아가미를 통째로 깔끔하게 제거할 수 있다.

08 09 10

츠모토식 기본 차트

배 가르기·내장 처리·신장 처리

중요도 ★★

위액에 의한 살의 훼손이나 부패의 주요 원인 제거! 숙성을 위한 필수 공정

내장은 생선의 장기보존에 가장 방해되는 요소다. 썩기가 쉬우므로 섭취를 위한 단기보존이 아니라면 제거하는 것이 좋다. 여기서는 '08 배 가르기→ 09 내장 처리→ 10 신장 처리' 과정을 함께 소개한다. 방어처럼 등 푸른 회유어는 죽고 나면 내장(특히 항문 주변)에서 몸으로 아니사키스 등의 기생충이 옮겨 가는 경우가 있으므로 빨리 처리해야 한다.

08 【배 가르기】

1 배 가르기 — 심장에 한칼. 내장 제거가 쉬워진다

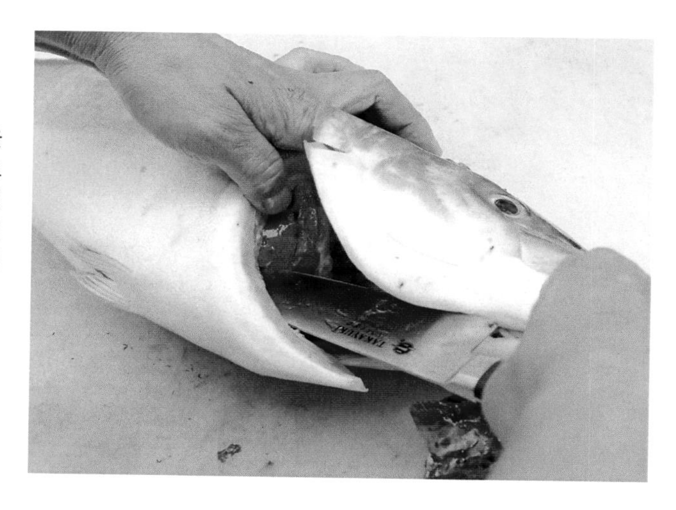

아가미를 제거한 다음 심장을 감싸고 있는 막에 칼등을 대고 한칼 벤다. 집어넣은 칼을 빼면서 등쪽의 막을 자른다. 이어서 검지를 넣고 돌려서 가마 주변의 막으로부터 내장을 빼낸다.

2 배 가르기 — 항문에 칼을 넣어 배를 가른다

항문에 칼끝을 넣고 목 방향으로 배를 가른다. 어종마다 다르지만, 기본적으로 배지느러미 직전까지 자른다. 울대까지 자르면 내장이나 신장 제거 작업에 유리하지만, 공기에 노출되는 면이 많아진다. 되도록 공기에 닿는 부분을 적게 하여 부패를 막는 것이 중요하다. 이 같은 작업을 위해 다양한 도구가 개발되어 있다.

09 【 내장 처리 】

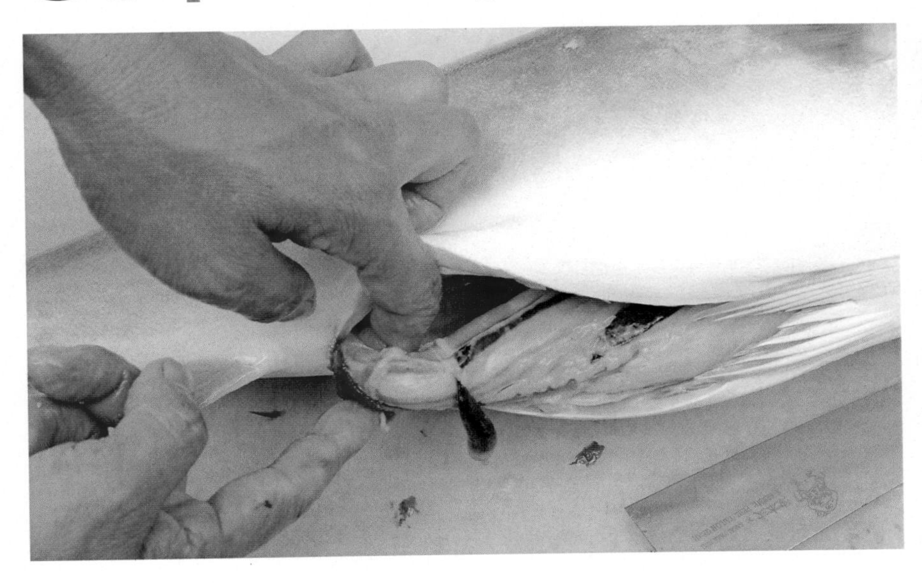

내장을 꺼내고 항문 속 장 끝의 연결 부분을 자른다

내장을 손가락에 걸어서 빼낸다. 끝이 항문과 연결되어 있으므로 칼로 잘라준다. 작은 어종은 손으로 잘라도 된다.

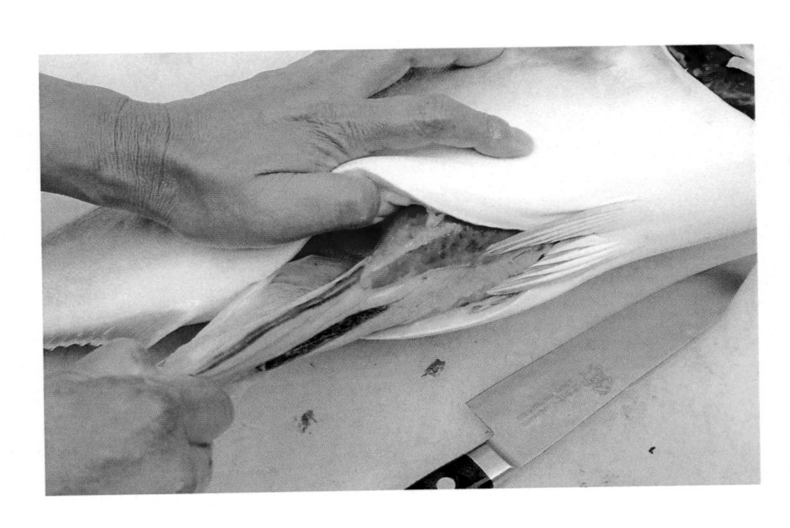

내장 꺼내기

내장을 빼는데 잘 나오지 않으면 호스를 배쪽이나 목쪽에 대고 반대편 구멍으로 물을 흘려준다. 어종별로 쉽게 할 수 있는 방법이 다르므로 관련 정보(p.40~91)를 참고한다.

10 【 신장 처리 】

신장막에 칼집을 낸다

다음으로 척추의 배쪽에 붙어 있는 신장을 제거한다. 우선 신장을 덮고 있는 막에 칼집을 낸다. 소형 어종은 손톱이나 간단한 도구로 제거할 수 있지만, 대형 어종은 신장을 덮고 있는 막이 두꺼운 경우가 있으므로 먼저 칼집을 내주면 나중에 제거하기가 수월하다.

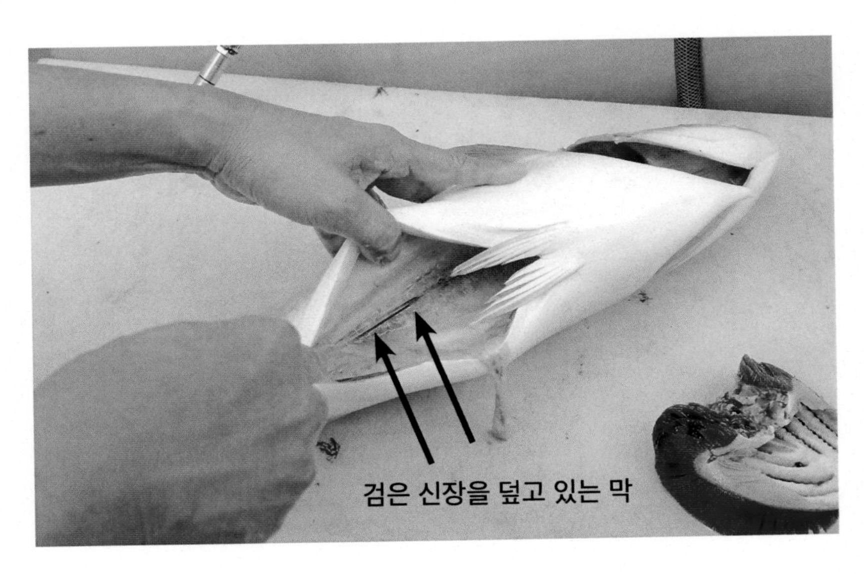

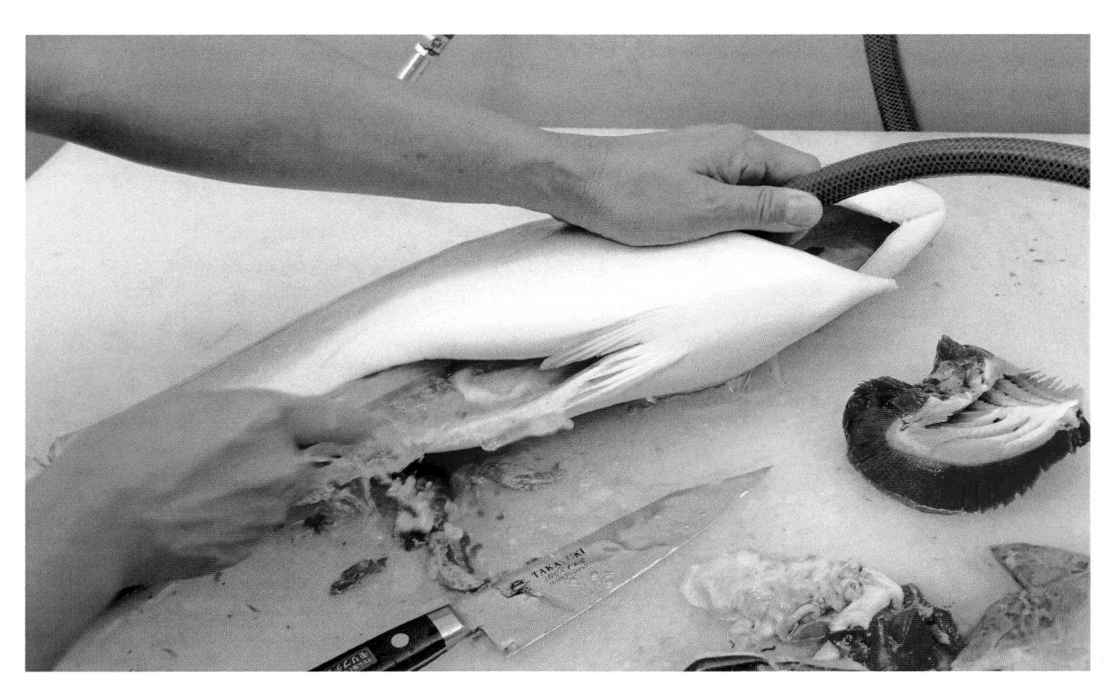

6 신장 처리

신장을 긁어 제거하면서 물로 씻는다

전용 신장비늘제거기로 신장을 긁어 제거한다. 머리쪽에서 호스로 물을 흘리면서 작업하면 긁어낸 신장 부위를 깨끗이 씻어낼 수 있다. 이때 배 안의 지방질과 남은 내장 찌꺼기도 씻어낸다.

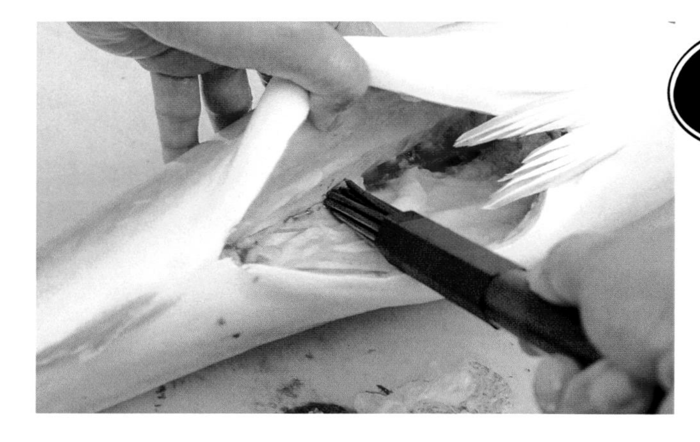

ONE POINT LESSON

샤카샤카봉

신장비늘제거기

전용 도구를 사용하여 효율적으로!

방어 등 대형 어종의 경우에는 척추의 마디에 들어 있는 신장을 제거하기가 쉽지 않다. 이럴 때 샤카샤카봉을 사용하면 깨끗이 제거할 수 있다. 대나무꼬챙이로 만든 도구를 쓸 수도 있으나, 전용 도구가 츠모토식 전처리의 완성도를 높여준다.

* 도구에 대해서는 p.30~33 참고

7 신장 처리

깨끗이 완성

호스로 물을 뿌려 깨끗이 씻어내면 완성. 호스의 끝을 척추에 문지르면서 씻는 방법도 효과적이다. 민물로 씻으면 생선의 몸에 붙어 있는 잡균까지 제거할 수 있다. 너무 오래 씻으면 기름기나 감칠맛 성분이 필요 이상 빠져나갈 수 있으므로 가능한 한 빨리 작업한다.

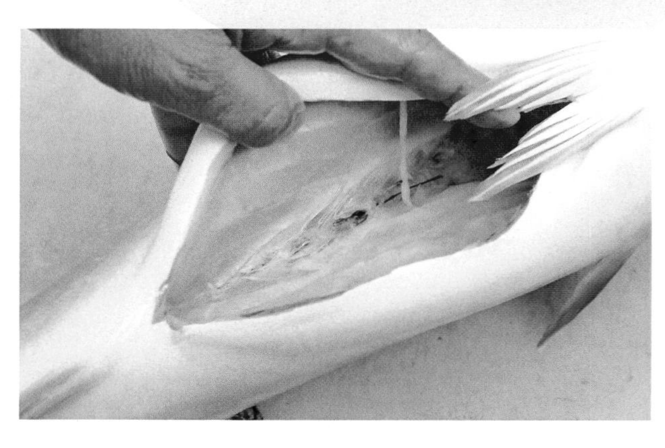

팽팽해진 생선이 원래의 상태가 되도록 수분을 배출하는 작업

궁극의 피빼기와 노즐 처리를 하고 나면 생선이 풍선처럼 팽팽해지는데, 이것은 살에 수분이 배어서가 아니라 모세혈관 등에 물이 들어갔기 때문이다. 그래서 일련의 공정이 끝나면 생선의 머리를 아래 방향으로 놓고 15 ~ 30분 정도 세워둠으로써 피나 물을 배출시켜 생선이 탄탄해지게 한다. 여름철에는 되도록 온도가 낮은 곳에서 작업한다. 갯장어나 장어, 갈치처럼 긴 어종은 생선 꼬리에 S자 고리 등을 걸어 세워두기도 한다.

이 공정은 단순하지만 중요한 작업으로 제대로 하지 않으면 피가 빠지지 않거나 보존 중에 불필요한 피나 물이 나와 부패와 악취의 원인이 된다.

머리를 아래 방향으로 세워놓는다

생선의 머리가 아래를 향하도록 박스를 세워놓는다. 장어나 갈치처럼 세워놓기가 어려운 길쭉한 생선은 박스의 각도를 완만히 해서 키친타월 등을 깔아놓고 그 위에 놓으면 된다. 또 박스 위에 S자 고리 등을 걸어 세워두는 방법도 있다. 어종별 정보 (p.79~)를 참고한다.

2 세워놓기

15~30분 정도 세워놓고 피를 뺀다

시원한 곳에 15~30분 정도 세워놓으면 생선의 혈관에 들어간 물을 빼낼 수 있다. 전처리에서 혈관에 수압을 가하고 나서 혈관 압축 및 중력의 작용으로 물을 충분히 빼주고 혈관의 피도 함께 배출하는 것이 궁극의 피빼기의 원리인데, 바로 세워놓기를 말하는 것이다. 이 공정을 제대로 실행하지 않으면 피나 물이 완전히 배출되지 않아 문제를 일으킬 수 있으므로 작업에 만전을 기할 필요가 있다.

ONE POINT LESSON

배출되는 피의 양은 개체별로 차이가 있다.

어종이나 생선의 상태에 따라 세워놓았을 때 배출되는 피의 양이 다를 수 있다. 따라서 눈에 보이는 피의 양이 아니라 세워놓은 시간을 기준으로 삼아야 한다.

중요도 ㅣ

★★★

장기보존을 위해 세심한 주의가 필요하다.

종이로 감싸기는 크게 2가지 역할이 있다. 먼저 생선에서 나오는 수분, 피, 체액 등을 흡수하는 역할이다. 생선은 삼투압에 의해 배출한 것을 다시 흡수하기도 하는데, 이것이 악취나 부패의 원인이 될 수 있으므로 흡수지로 감싸서 예방하는 것이다. 따라서 보존기간에 따라 흡수지의 상태를 보고 제때 교환해주어야 삼투압 현상과 세균 증식을 억제할 수 있다. 다음은 생선을 보호하는 역할이다. 츠모토 씨는 흡수지로 싼 다음 내수지로 다시 한 번 생선을 감싸주는데, 생선을 보호할뿐더러 가시 등에 의해 보존용 봉투가 훼손되는 것을 방지하려는 것이다. 이 같은 문제가 없다면 흡수지만 써도 무방하다. 그다음에는 생선을 나일론 재질의 비닐봉투(이하 '나일론봉투')에 넣고 탈기 처리한다. 나일론봉투는 생선이 직접 물에 닿지 않게 하기 위해 사용하며, 탈기는 생선의 열화(劣化) 억제와 냉수보존 시의 효과적 보냉을 위한 것이다.

12 【 종이로 감싸기 】

흡수지와 내수지를 겹쳐놓고 생선을 올린다

생선 크기에 맞게 내수지를 깔고 그 위에 흡수지를 다시 놓고 피빼기 작업을 거친 생선을 올린다. 절단된 꼬리 부분은 접어둔다.

생선 감싸기

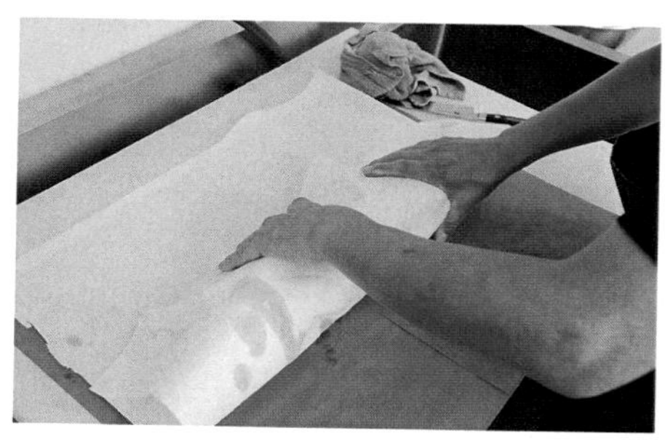

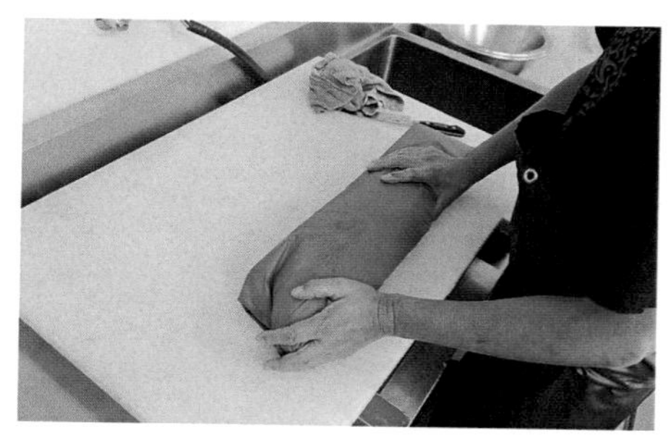

흡수지로 생선을 말듯이 감싼다. 돌돌 만 다음 머리쪽과 꼬리쪽의 종이를 안쪽으로 접는다. 이어서 내수지로 생선을 감싸는데, 말지 않고 한 번만 싸주면 된다.

중요도 ★★★

13 【 봉투에 넣기(탈기) 】

3 나일론봉투에 넣고 탈기한다

봉투에 넣기

생선 크기에 맞는 나일론봉투(두께 0.03mm 정도)를 사용한다. 봉투가 너무 얇으면 찢어지기 쉽고, 너무 두꺼우면 생선과의 밀착도가 떨어지고 묶기가 어려워진다. 봉투에 생선을 넣은 다음 호스 등을 이용하여 안의 공기를 빨아들인다. 봉투가 생선에 달라붙을 정도로 공기를 빼고, 호스를 빼는 것과 동시에 봉투를 꽉 쥐면서 생선을 돌려 공기가 들어가지 않도록 하고 봉투를 단단하게 묶는다.

이때 공기가 들어가지 않게 주의한다.

호스를 뺄 때 봉투 안에 공기가 들어가지 않도록 주의한다. 호스를 빼냄과 동시에 봉투를 쥐고 생선을 돌려 밀봉한 후 단단히 묶는다.

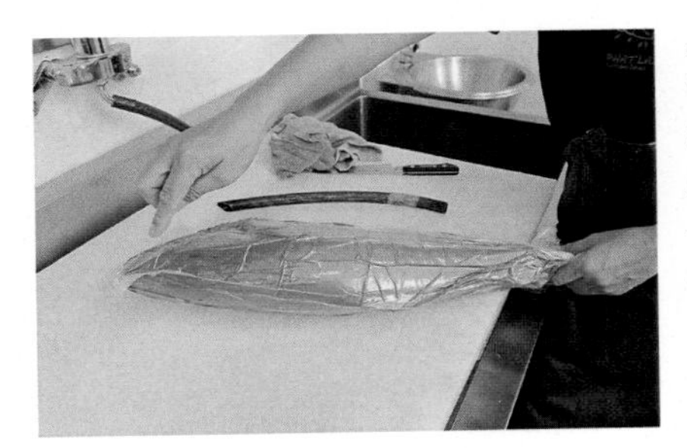

사진과 같이 생선에 나일론봉투가 밀착될 때까지 공기를 뺀다. 호스로 빨아들이기 어려우면 진공청소기를 이용해도 된다.

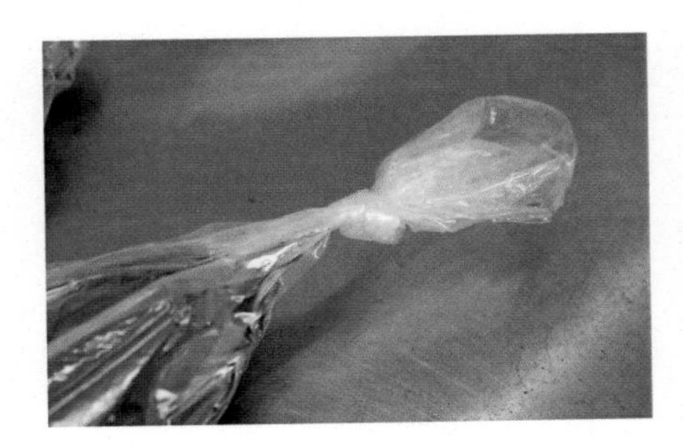

묶을 때는 빈틈없이 묶는다. 봉투가 두꺼우면 잘 묶이지 않아 공기나 물이 들어갈 수 있으므로 0.03㎜ 정도의 두께를 사용하는 것이 좋다.

14 【 냉수보존(재우기) 】

4 냉수에 넣고 재운다

냉수보존

1~5℃(하세가와수산에서는 2℃)의 얼음물에 생선을 넣어 재운다. 어느 한쪽에 수압이 쏠리지 않고 생선 전체에 골고루 가해지도록 한다. 그래야 생선의 살이 균일한 상태를 유지하고, 혈관 안에 남아 있는 물을 보다 효과적으로 제거할 수 있다. 츠모토 씨는 사진과 같이 온도 관리가 가능한 대형 냉장고 안에 생선을 넣고 그 위에 모포를 덮어 재우는데, 일반 가정에서는 스티로폼이나 아이스박스에 얼음물을 채우고 생선을 재워도 된다. 냉기의 보존력이 조금 떨어지긴 하지만 냉장고의 신선칸에 재울 수도 있다. 보다 자세한 내용은 '숙성의 비밀(p.92~)'을 참고한다.

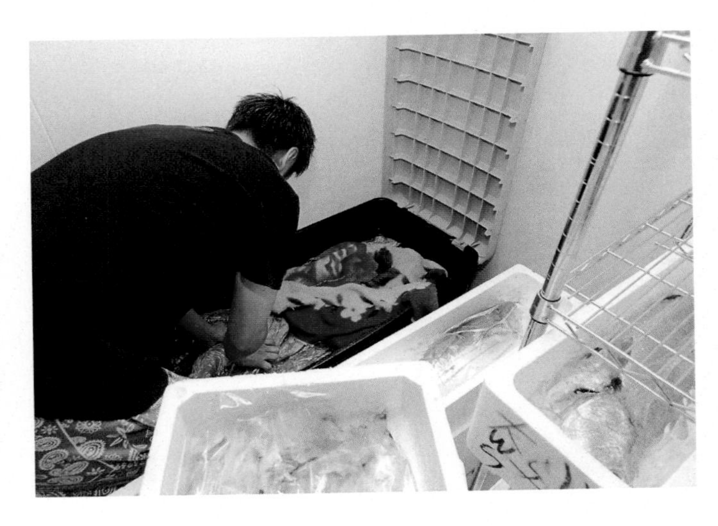

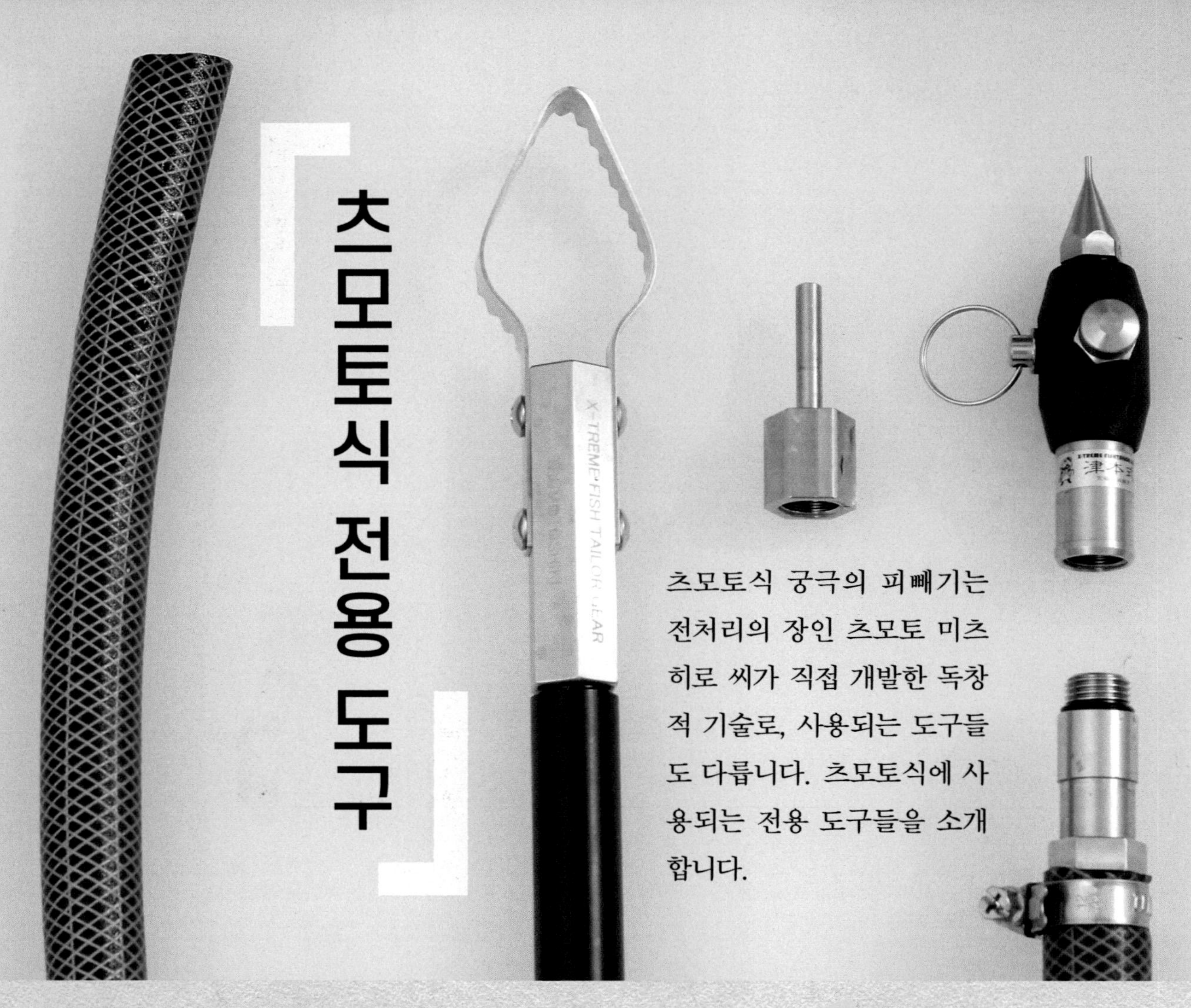

츠모토식 전용 도구

츠모토식 궁극의 피빼기는 전처리의 장인 츠모토 미츠히로 씨가 직접 개발한 독창적 기술로, 사용되는 도구들도 다릅니다. 츠모토식에 사용되는 전용 도구들을 소개합니다.

* 전용 도구는 인터넷사이트(https://tsumotoshiki.com)와 한국의 생선연구소(http://fishlab.kr)에서 구입할 수 있다.

츠모토식 노즐

워터슈터에 부착 가능한 나사 형태의 고압노즐. SUS304 스테인리스강을 재료로 사용하여 녹에 강하고 끝부분까지 테이퍼 처리한 일체형으로 내구성이 뛰어나다. 취급하는 생선의 신경구멍이나 동맥구멍에 사용하는 도구로 외경에 따라 5종류로 나뉜다. 외경이 큰 노즐일수록 물이 효과적으로 주입된다.

소형 어종용 고압노즐

소형 어종의 피빼기에 사용하는 스테인리스 고압노즐. 이것을 호스에 연결하면 작은 생선의 아가미막 속 동맥 절단부에서 궁극의 피빼기를 수행할 수 있다. 전갱이, 정어리, 보리멸, 망둥어 등의 어종에 필수 아이템이다.

외경(φ=mm)	생선의 무게	해당 어종
φ1.1	100 ~ 300g	전갱이, 정어리, 쏨뱅이 등이나 작은 크기의 민물장어, 바닷장어 등
φ1.5	400 ~ 800g	붉돔, 벤자리, 소형 능성어, 감성돔, 고등어 등. 민물장어, 갯장어 같은 긴 생선
φ2.0	1.0 ~ 3.0㎏	참돔, 돌돔, 갈돔, 중형 능성어 등이나 일반적인 어종의 중간 크기
φ3.0	2.0 ~ 5.0㎏	방어, 잿방어, 가다랑어처럼 조금 큰 생선
φ4.0	5.0㎏ 이상	방어, 잿방어, 부시리, 자바리 등의 큰 생선이나 민어나 농어 같은 대형 어종

워터슈터(water shooter)

세계 최초의 물 전용 더스터(duster). 츠모토식 노즐을 장착하여 버튼으로 고압의 물을 분사할 수 있다. 본체는 강화수지로 만들었으며, 스프링과 버튼은 녹에 강한 스테인리스 재질이다. 부속 노즐은 범용성이 좋은 외경 ϕ1.8의 크기이고, 내경 15ϕ의 내압호스에 연결하여 호스고정 클램프로 고정하면 바로 궁극의 피빼기를 시작할 수 있다.

호스고정 클램프는 나사식이 편리하다. 조이기가 쉽고, 슈터를 잡을 때 편리하다.

내경 15φ의 내압호스 사용

호스 연결 부위.
하이퍼커넥터에 연결할 수도 있다.

물 분사를 조절하는 버튼

φ1.8 노즐이 포함되어 있다.
(노즐 없이 단품만 구매도 가능)

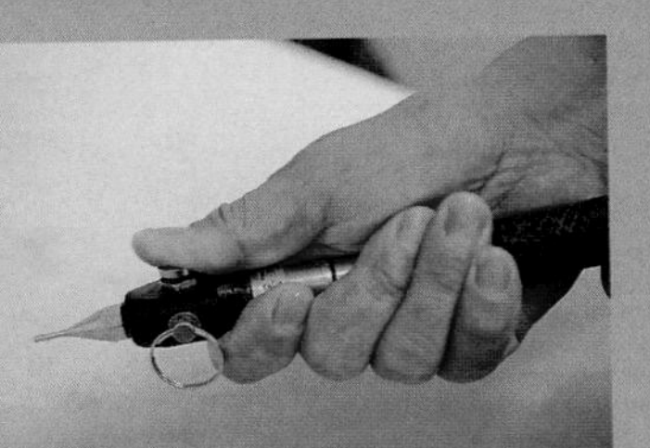

츠모토식 하이퍼커넥터를 추가로 세팅한 모습. 잡기에 용이하고 소형 어종용 고압노즐로도 교체 가능하다.

츠모토식 하이퍼커넥터 (hyper connector)

워터슈터와 호스 사이에 장착하면 조작하기가 쉽다. SUS303 스테인리스강으로 만들어 녹에 강하고 내구성도 뛰어나다. 워터슈터 대신 소형 어종용 고압노즐이나 신장비늘제거기를 부착할 수도 있다. 용도에 따라 변용이 가능한 아이템이다. 연결 호스는 내경 15ϕ의 내압호스를 추천한다.

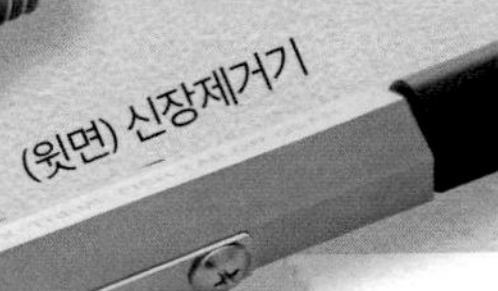

(윗면) 신장제거기

(아랫면) 비늘제거기

신장비늘제거기

척추뼈에 붙어 있는 생선의 신장을 제거하는 용도의 부분과 비늘을 제거하는 용도의 부분이 양면에 부착된 츠모토식 전용 도구. 하이퍼커넥터에 연결된 호스와 결합하면 앞부분에서 물이 나오게 할 수 있는데, 신장이나 비늘을 제거하기가 더 용이하다.

샤카샤카봉

척추 사이에 끼어 있는 신장과 내장 찌꺼기를 긁어내는 도구. 대나무꼬챙이 모양의 부드러운 봉을 묶은 형태로 이루어져 있으며, 하이퍼커넥터와 소형 어종용 고압노즐을 연결하면 물을 뿌리면서 구석구석까지 깨끗이 씻어낼 수 있다.

Tiny 신장비늘제거기

500g~3kg 정도 되는 생선의 신장을 제거하는 데 특화된 도구. 톱니처럼 생긴 부분은 전갱이 같은 소형 어종의 비늘도 제거하기 쉽게 만들어져 있다. 내장을 처리할 때도 유용하다. 반대편 끝의 날카로운 부분으로는 신장을 싸고 있는 하얀 막을 찢고 안의 신장을 제거할 수 있다.

어쌔신나이프
(knife assassin)

츠모토식 전처리에 특화된 칼. 금속을 절단하는 기계와 같은 소재를 사용하여 매우 날카롭고 강력한 절단력을 자랑한다. 손에 힘을 줄 수 있는 손잡이식 그립으로 생선 크기에 관계없이 단번에 뇌사시킬 수 있는 기능을 구현했다. 삼각자처럼 테이퍼 처리된 칼끝은 아가미 제거 등의 미세한 작업에 용이하다. 칼등의 톱니 모양은 비늘제거 기능을 담당하며, 칼 안에는 츠모토식 노즐을 분리할 수 있는 장치도 있다. 또한 꼬리를 완전히 자르지 않을 수 있는 칼의 각도를 고려하는 등 다양한 기능을 겸비한 명품이다. 이 칼 하나면 있어도 츠모토식의 모든 공정을 소화할 수 있다.

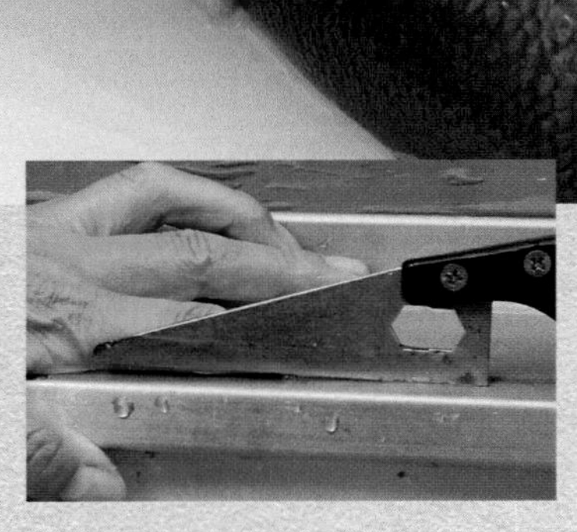

그립 부분을 도마에 대고 그립의 등쪽을 두드려 생선의 꼬리를 자르면 칼과 도마 사이에 약간의 공간이 생겨 꼬리를 다 자르지 않을 수 있다.

두개골에 찔러 뇌사시키기에 맞춤한 강력하고 날카로운 칼

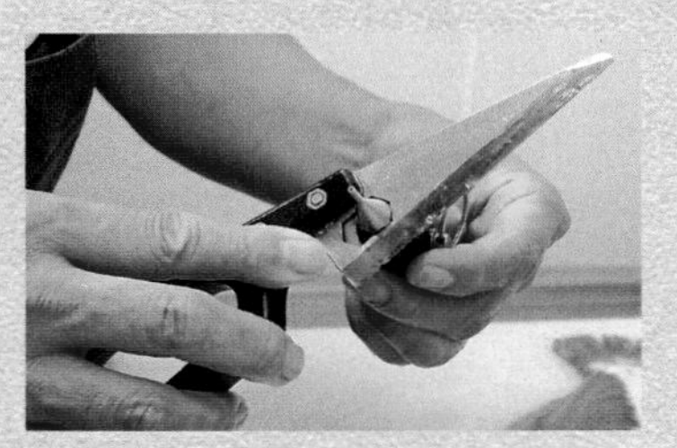

노즐 탈착 시 사용할 수 있는 너트 조이개

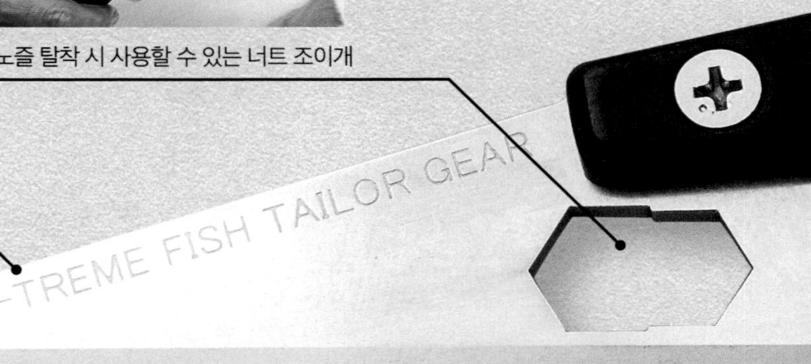

칼등은 비늘제거기로 사용할 수 있다.

전처리에 맞게 테이퍼 처리된 칼날 부분. 금속을 자를 때 사용하는 기계의 소재로 만들어져 매우 강력하고 내구성이 높다.

함께 구비하면 편리한 용품들

나일론봉투

피를 뺀 생선을 탈기하여 냉수보존할 때 사용한다. 사진은 인터넷사이트(https://tsumotoshiki.com)와 한국의 생선연구소(http://fishlab.kr)에서 판매하는 특별제작 봉투(230×900mm, 두께 0.03mm). 시중에서 판매하는 나일론봉투나 지퍼팩도 대용 가능

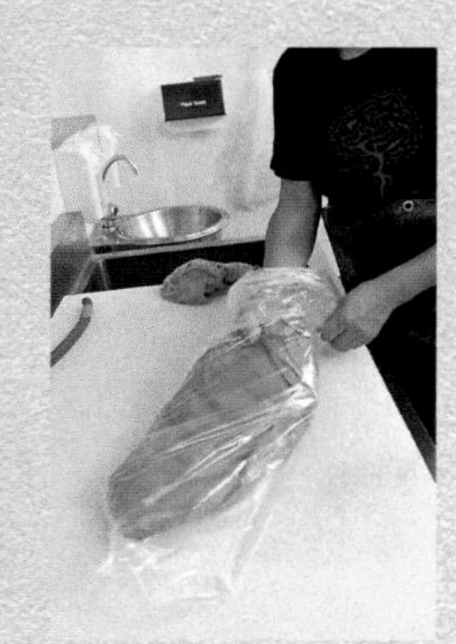

내수지

흡수지나 키친타월로 감싼 생선을 한 번 더 싸기 위한 종이. 생선을 보호하고 나일론봉투가 가시 등에 찔려 훼손되는 것을 막아준다. 냉장고 등에 보관 시 냉풍막이 역할도 한다. 가정에서는 신문지를 사용해도 된다.

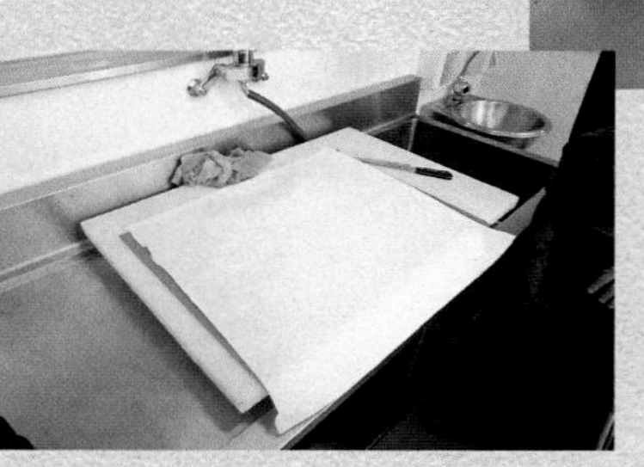

흡수지

미트페이퍼로도 알려져 있으며, 생선의 수분을 흡수해준다. 키친타월 등을 쓸 수도 있다.

츠모토식 칼

칼의 명인 사카이 다카유키 씨와 츠모토식의 컬래버레이션으로 탄생한 전처리 전용 칼. 점성과 탄성을 겸비한 몰리브덴특수강 소재로 제작되었다. 길이 18㎝에 무게 159g로 사용감이 좋으며, 누구나 이 칼로 세장뜨기 등의 전처리를 할 수 있다. 생선 모양에 따라 적절히 사용할 수 있게 만들어져 감도 높은 작업을 도와준다. 각도를 준 칼등과 예리하게 처리된 칼코가 아가미 등 세세한 곳을 찌를 수 있게 설계되었다.

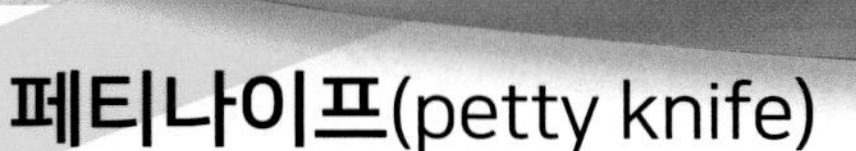

페티나이프(petty knife)

사카이 다카유키 씨와 츠모토식의 컬래버레이션 2탄. 츠모토식 칼과 같은 몰리브덴특수강 소재이며, 길이 15㎝에 무게는 96.5g이다. 소형 어종부터 5㎏ 정도의 잿방어나 가다랑어에도 쓸 수 있는 칼이다. 오동나무로 만든 칼집이 함께 들어 있어 캠핑에도 유용하다.

윗부분을 강하게 잡을 수도, 구멍에 손을 넣어 유연하게 잡을 수도 있는 맞춤개발형 그립. 힘이 필요한 작업이나 미세한 작업에 맞게 사용할 수 있다.

평평하게 만들어진 그립엔드를 잡고 밀어내기가 쉬워 힘을 강하게 줄 수 있다.

보호커버가 함께 들어 있다.

칼럼

궁리하는 재미의 쏠쏠함

츠모토 씨는 세계 최초로 궁극의 피빼기 기술을 개발하고 전용 도구들을 제작했습니다. 기술 연구와 도구에 대한 탐구는 지금도 이어지고 있습니다. 앞서 소개한 대로 츠모토식은 확고한 이론에 근거한 전처리 기술입니다. 이론을 이해하고 나름대로 궁리해나가면 츠모토식을 바탕으로 자신만의 독창적 스타일을 구현할 수 있습니다. 사진에서처럼 마트에서 구입한 통으로 물을 주입하는 등의 방식으로 적절히 응용하면 이해의 깊이와 재미가 훨씬 커집니다.

끝부분을 아가미막 구멍에 넣고 통을 눌러 물을 주입하는 간이 츠모토식 궁극의 피빼기

낚시인과 어부에게 추천하는 전처리법

바로 처리할 수 있는
낚시인과 어부의 강점

최고의 맛을 내는 생선을 탄생시키기 위한 전처리는 잡자마자 바로 처리할 수 있는 낚시인과 어부에게 특별한 강점이 있다. 펄떡이는 활어에 잠재된 맛을 최대한 살릴 수 있는 첫걸음을 재빨리 시작할 수 있기 때문이다. 생선은 낚싯바늘에 걸리는 순간부터 열화가 시작되므로 낚아 올리자마자 이를 차단해야 한다. 지금부터 소개하는 각각의 순서를 올바르게 이해하고 실행하면 더욱 맛있는 생선을 즐길 수 있다.

낚시를 즐기는 츠모토 씨.
특히 루어낚시를 좋아한다.

누구나 할 수 있는 현장에서의 처리법

이 책에 자주 나오는 생선의 ATP(아데노신삼인산)와 관련한 내용이다. 츠모토 씨는 이렇게 말한다.

"생선에 1~10의 시계열이 있다고 하면 전처리는 1에서 하는 것이 가장 좋습니다. 생선이 그중 양호한 상태이기 때문입니다. 하지만 저와 같은 사람들은 아쉽게도 3~4부터 시작하게 됩니다. 활어의 경우에는 조금 다르지만, 대체로 3~4에서 전처리를 시작합니다. 그에 반해 낚시인이나 어부는 1에서 시작할 수 있습니다."

츠모토식 궁극의 피빼기는 낚시인에게 특히 유리하다. 어부는 생선을 다량 포획해야 하기 때문에 전처리에 시간을 들이기가 어렵지만, 낚시인은 제약이 없으므로 츠모토식 실행자로 적격이다.

"낚시인들이 올바른 자세로 임해주면 좋겠습니다."(웃음)

최고로 맛있는 생선을 원한다면 순서에 따라 뇌 찌르기→아가미막 자르기→노즐로 신케지메하기→노즐로 피빼기→궁극의 피빼기를 진행하면 되지만, 츠모토 씨는 현장에 최적화된 방법을 다음과 같이 소개한다.

"뇌 찌르기를 하고, 아가미막을 자른 후, 통등에 담아 '흔들흔들 피빼기'라고 하는 공정을 거치고 나서, 생선의 몸속까지 차갑게 하고(얼지 않게. 적정 온도는 5~10℃), 낮은 온도를 유지한 상태로 집까지 가져가는 것입니다. 이와 같은 일련의 과정을 철저히 이행하는 게 좋습니다."

츠모토 씨는 현장에서 바로 노즐 처리를 하는 것도 좋지만, 심장이 멈춘 죽은 생선도 피빼기를 할 수 있다는 츠모토식의 장점을 살려 집으로 가져가서 처리해도 좋다고 조언한다.

"아무튼 생선의 피는 빨리 빼내는 것이 좋고, 현장은 피로 더럽히지 말아야 합니다. 방법이 있습니다. 아가미막을 제거하고, 척추 밑을 지나는 동맥을 잘라 물통에 넣고, 아가미를 잡고 좌우로 흔들면 꽤 많은 양의 피가 빠지고, 선상이나 낚시터도 더럽히지 않을 수 있습니다. 그렇게만 해두어도 충분합니다. 나머지는 집으로 가져가서 천천히 처리해도 괜찮습니다."

구비하면 편리한 도구

도마 또는 쟁반

뇌 찌르기나 아가미막 자르기, 동맥 절단 시 갑판이나 바닥 등을 더럽히거나 손상시키지 않도록 하기 위한 도구. 힘을 과하게 가하지 않으면 염려할 필요가 없으나, 구비해놓으면 여러모로 도움이 된다.

생선 포획 후 프로세스

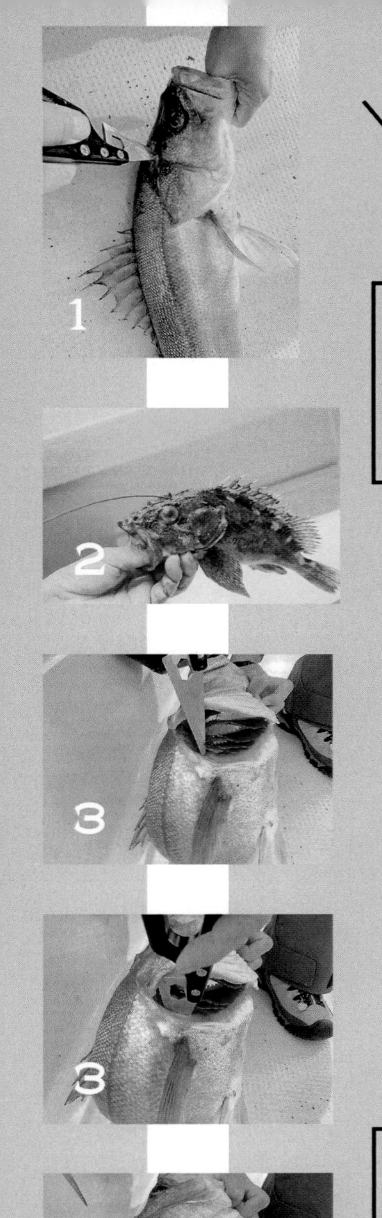

1 뇌 찌르기

생선 포획 후 가장 먼저 해야 할 작업

어업이나 낚시로 생선을 포획한 후 ATP를 최대한 보존하기 위해 가능한 한 빨리 생선을 뇌사 상태로 만드는 작업이다. 더 완벽하게 하려면 곧바로 신케지메를 실시한다(신케지메를 꼭 노즐로 할 필요는 없다).

2 신케지메

바로 먹으려면 반드시 해야 한다.

뇌 찌르기는 생선을 뇌사키는 것이고, 신케지메는 생선에 남아 있는 운동능력을 완전히 없애는 것이다. 경련이나 사후경직에 따른 ATP 감소 억제를 위해 해야 하는 작업이지만, 뇌 찌르기보다 먼저 해서는 안 된다(생략은 가능). 신케지메를 먼저 하면 생선에 스트레스를 주어 ATP가 감소하게 되므로 순서에 유념해야 한다.

3 아가미막 자르기 (동맥 절단)

쉬운 작업이지만 제대로 한다.

아가미막을 거쳐 등뼈 밑에 있는 동맥을 절단하는 작업이다. 칼을 등뼈쪽으로 향하게 하고 아래쪽의 동맥을 절단한다. 아가미 밑의 동맥을 절단하는 방법은 쓰지 않는다.

4 흔들흔들 피빼기

많은 양의 피를 뺄 수 있다!

아가미막을 자른 후 물이 가득한 통(해수로도 가능. 직접 바닷물에 담가도 되지만 안전에 유의)에 생선을 넣은 후 아가미를 잡고 30 ~ 60초 정도 좌우로 흔든다. 제법 많은 양의 피를 빼어 선도를 유지할 수 있다.

5 생선을 차갑게 한다

선도를 유지하는 중요 공정

금방 낚아 올린 생선은 온도가 높은 상태이므로 냉각하여 열화를 억제함으로써 선도를 유지한다. 5 ~ 10℃의 온도 유지를 목표로 얼음물로 생선의 살 속까지 차갑게 한다. 얼음물에 생선을 직접 넣어도 된다.

6 보냉

살 속까지 차갑다면 보냉만으로 충분

생선을 차갑게 한 다음에는 물을 빼고 얼음 등을 넣어 보냉한다. 방법은 다음 페이지에서 자세히 설명하겠지만, 얼음물에서 생선을 꺼낸 후 봉투에 넣고 바로 보냉 처리하면 된다.

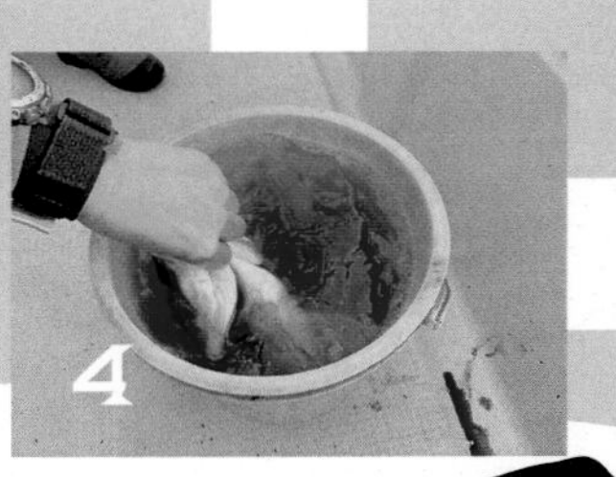

다음 페이지로

칼

뇌 찌르기, 아가미막 자르기, 동맥 절단에 꼭 필요하다.

버킷(통)

흔들흔들 피빼기의 필수 아이템이다. 버킷 안에서 피를 빼는 것이다. 피가 튀지 않게 하고, 배나 낚시터를 청소할 때도 필요하므로 준비한다.

아이스박스 또는 어류상자

흔들흔들 피빼기를 한 다음 생선을 차갑게 하여 보냉할 때 필요하다. 온도 변화가 적은 구조의 박스가 좋다(속뚜껑이 있는 것 등). 어류상자로도 대용 가능하다.

생선을 차갑게 하는 방법

아가미막을 자르고 동맥을 절단한 후 흔들흔들 피빼기(현장에서의 피빼기)를 끝낸 다음에는 생선을 차갑게 해야 한다. 겉뿐만 아니라 생선의 몸속 깊은 곳까지 세세하게 온도를 낮추는 게 중요하다. 그래서 얼음물을 사용하는데, 생선에 가장 중요한 선도 유지를 위해서다. 또한 고등어나 방어 등에 기생하는 아니사키스 같은 기생충의 활동을 억제하여 냉장 시 기생충이 옮겨가는 것을 막아주는 효과도 있다.

겨울에 바닷물과 얼음을 사용하면 수온이 0℃ 이하가 되어 생선이 어는 경우가 있다. 그러면 감칠맛을 잃어버리게 되므로 주의해야 한다. 민물과 바닷물을 5:5의 비율로 아이스박스에 넣고 얼음을 넣으면 이 같은 문제를 예방할 수 있다. 낚시를 마치고 집으로 가져갈 때에는 무거운 얼음물은 버리고 차가워진 생선을 그 상태로 보냉한다.

POINT

• 생선을 얼게 하지 않는다

츠모토 씨는 생선을 고를 때 큰 얼음덩이 위에 올라 있는 생선은 제외한다. 이유가 있다. "큰 얼음덩이 때문에 생선의 살이 훼손되는 경우가 많습니다. 그래서 저는 얼음덩이가 작거나 눌리지 않게 보관되어 있는 생선을 고릅니다. 생선을 얼음에 직접 닿게 하는 것도 좋은 방법이 아닙니다. 저희 회사에서는 생선을 출하할 때 종이로 싸서 봉투에 넣은 다음 탈기하고, 크기가 작은 얼음들을 박스에 넣습니다. 생선가게 등에서 생선을 얼음 위에 올려놓은 걸 보면 마음이 좋지 않습니다."

냉온보존

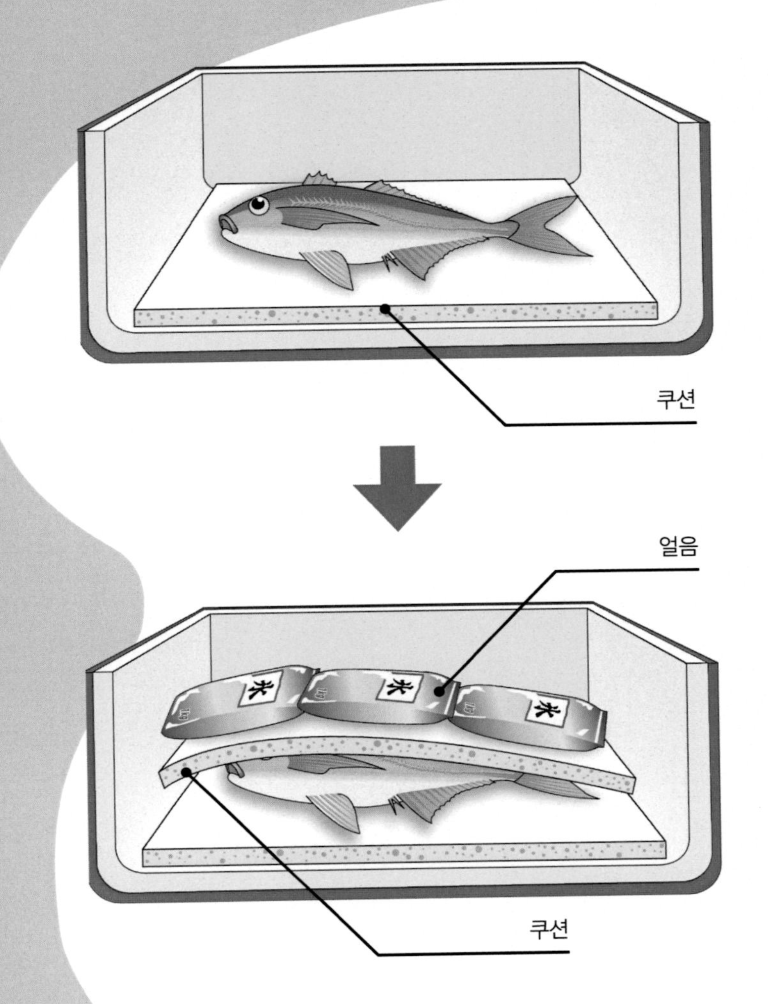

생선을 차갑게 하는 작업을 마쳤다면 얼음물을 버리고 다음 단계인 냉온보존으로 넘어간다. 가장 이상적인 처리는 생선을 한 마리씩 봉투에 넣고(가능하면 종이로 감싸고) 탈기한 후 얼지 않을 정도의 얼음물에 넣어 집으로 가져가는 것이지만, 무겁고 불편하므로 생략해도 된다. 가능한 수준에서 냉온 처리하면 되는데, 포인트는 생선이 직접 얼음에 닿게 하지 않는 것(특정 부위만 너무 차게 해서도 안 된다), 얼음이 커서 생선을 압박하거나 상처를 주지 않는 것 등이다.

생선을 아이스박스에 그냥 넣으면 딱딱한 바닥에 생선이 눌려 육질이 나빠질 수 있다. 좋은 방법은 쿠션 재질의 무언가를 깔아주는 것이다. 녹은 얼음봉지나 젖은 수건, 모포 등을 까는 것도 좋다. 요점은 부드러운 소재를 깔아서 생선에 손상을 입히지 않는 것이다.

옆의 그림은 스펀지 등으로 위아래를 감싼 모습. 가급적 부드러운 소재를 써서 위에 올린 얼음의 냉기를 차단하지 않는 게 좋다. 이때 얼음이 생선에 직접 닿지 않도록 한다. 얼음을 위에 올리는 이유는 냉기가 위에서 아래로 내려가기 때문이다.

POINT

- 생선이 얼음에 닿지 않게 한다
- 얼음은 생선 위에 놓는다
- 생선을 딱딱한 재질 위에 놓지 않는다

사과나 바나나가 무언가에 부딪히면 상하는 것처럼 생선도 어떤 압력이나 충격을 받으면 손상된다. 그래서 세심한 보냉이 필요하다. 지나치다고 여길 수도 있지만, 이 같은 세심함이 맛있는 생선을 마주하는 비법이다.

사진은 이상적인 보냉 상태를 보여주지만, 요점을 알면 조금은 달리해도 괜찮다. 사진에서는 아이스박스 밑에 얼음봉지를 깔고, 그 위에 생선을 올리고, 비닐로 싼 얼음봉지를 생선 위에 올렸는데, 이렇게 하면 너무 차지 않게 잘 보존된다.

츠모토식 생선 감정

생선이 좋은지 나쁜지를 정확히 판단하려면 오랜 경험이 필요하다. 츠모토 씨와 함께 생선의 선도와 기름진 정도를 가늠할 때 필요한 '생선 감정의 기본'에 대해 알아보았다.

선도 확인은 어떻게?

아가미의 색깔과 습도로

생선의 선도는 아가미를 보면 알 수 있다. 아가미의 색깔이 선홍색이면 선도가 높고 거무튀튀하면 낮다고 할 수 있다. 하지만 선홍색이라도 말라 있으면 좋지 않다. 적절한 습도의 선홍색이 선도 판단의 중요 포인트다. 또한 힘을 주지 않았는데도 아감딱지가 쉽게 열리면 선도가 좋지 않은 것이다.

시장의 경매 풍경

생선을 감별할 수 있는 능력은 매일매일 꾸준히 생선의 상태를 살피고 확인하는 노력의 결과다.

기름진 정도 확인!

눈의 크기로

생선은 눈이 작아 보일수록 기름지고 육질이 탄탄한 경우가 많다. 일례로 금눈돔은 대부분 눈이 크지만 상대적으로 작은 것이 있는데, 맛이 더 좋다. 눈이 작은 생선은 보통 머리도 작은데, 환언하면 머리에 비해 몸이 큰 생선이라고 할 수 있다. 머리에서 이어지는 등이 불룩하게 일어난 모양의 생선을 최고로 친다. 전체 모양이 둥그런 생선, 특히 등이 동그랗게 솟은 생선을 알아보는 것이 맛있는 생선을 찾는 요령이다.

숨은 감칠맛 확인!

눈의 흰자와 검은자의 명암이 뚜렷하다면?

눈의 흰자가 너무 하얗고 검은자와의 명암이 뚜렷한 생선은 '고민사(dysthanasia)', 즉 고통스럽게 죽었다고 볼 수 있다. 뇌 찌르기가 제대로 되지 않은 상태에서 죽은 생선이 대부분 그런 눈을 하고 있다. ATP의 감소가 컸을 것이다. 뇌 찌르기와 신케지메가 잘된 생선은 흰자에 다른 색이 조금 돌고 검은자와의 명암이 뚜렷하지 않다. 전체적으로 눈이 탁한 경우 외에도 흰자와 검은자의 명암이 뚜렷한 생선은 주의하는 편이 좋다.

정말로 맛있는 생선을 고르고 싶다면… 인간 편향적인 '제철'의 개념에서 벗어나

츠모토 씨는 '일반적으로 말하는 생선의 제철과 정말로 맛있는 시기는 다른 경우가 많다'고 말한다.

"일반적으로 제철은 '그 생선이 잘 잡히는 시기'입니다. 예를 들어 '참돔의 제철은 봄'이라고 하는데, 봄은 참돔이 산란을 위해 연안에 모이는 시기로 포획하기 쉬운 계절입니다. 그만큼 시중에 많이 유통되어 제철이라고 하는 것이지 맛과는 별개입니다. 실제로는 참돔의 영양 성분이 알에 모여 있는 시기로 살은 마르고 맛이 없는 때입니다. 여름의 교토요리로 유명한 갯장어도 알고 보면 냉장고 없이 유통되던 시절에 생명력이 강하고 상처가 잘 나지 않는 갯장어를 여름에 연안에서 교토로 유통하기가 수월했던 결과입니다. 갯장어는 산란기가 여름이어서 영양분을 알에게 빼앗긴 상태이므로 실제로 가장 맛있을 때는 여름이 아닌 겨울입니다. 이 밖에도 단지 인간의 시각에 따라 '제철'로 명명된 생선의 예는 많습니다. 제철이라는 말에 현혹되지 말고 정말로 맛있는 생선을 분별할 수 있어야 합니다. 게다가 생선은 야생의 동물이므로 맛있는 시기라도 개체에 따라 상태가 전혀 다를 수 있다는 사실을 항상 염두에 두어야 합니다."

내장이나 아가미의 피도 빠진다 !?

생선의 몸에는 미세한 혈관이 그물처럼 퍼져 있습니다. 따라서 모세혈관 구석구석까지 물을 주입하거나, 사이펀의 원리(기압차와 중력으로 액체가 이동하는 현상을 일컬음)를 적용한 시스템을 이용하여 피를 확실히 빼내야 합니다. 츠모토식 궁극의 피빼기는 생선의 몸 안에 있는 피를 완전히 빼내어 선도를 유지, 향상시킴은 물론, 피 냄새와 악취를 온전히 제거하여 생선을 싫어하는 사람도 먹을 수 있는 상태로 전처리하는 기술입니다.

그런데 생선의 피는 살 속의 혈관에만 있는 것이 아닙니다. 아가미와 내장, 이리(수컷 생선의 배 속에 있는 정액 덩어리), 알 등에도 피가 들어 있습니다. 츠모토식에서는 이런 피들까지 빼낼 수 있습니다.

사진은 무지개송어의 일종인 오쿠휴가연어로 만든 연어알덮밥입니다. 연어알은 배 속의 막에 싸여 있고 막에는 많은 혈관이 있는데, 궁극의 피빼기로 처리하면 피 냄새가 거의 없는 연어알을 만들 수 있습니다. 또한 간장이나 아가미에도 적지 않은 피가 들어 있는데, 츠모토식을 거치면 빨간색이었던 간장과 아가미가 분홍색이나 하얀색으로 변합니다.

이제는 천대받았던 생선 부위가 새롭게 주목을 받고 있습니다. 그동안 냄새 때문에 먹지 못하고 버렸던 아가미나 내장 등을 누구나 먹을 수 있게 된 것입니다. 장어의 간으로 만든 국물이 상당한 인기를 끌고 있고, 아가미를 비롯한 내장들도 맛있는 재료로 재평가를 받고 있습니다. 미개발의 영역이 많은 만큼 가능성이 무한합니다. 츠모토식 궁극의 피빼기가 '어식혁명'으로 불리는 이유입니다.

농어

농어목 농어과

Japanese sea bass

원양에서부터 하천에 이르기까지 폭넓게 서식하는 어종이다. 정어리나 은어 같은 작은 생선을 먹이로 삼는 피시이터(fisheater, 어식어)로 '시배스'라는 이름으로도 불리며, 루어낚시에서 인기가 많다. 성장 과정에 따라 이름이 바뀌는 출세어로 간토지방에서는 세이고→ 훗코→ 스즈키로 불린다.

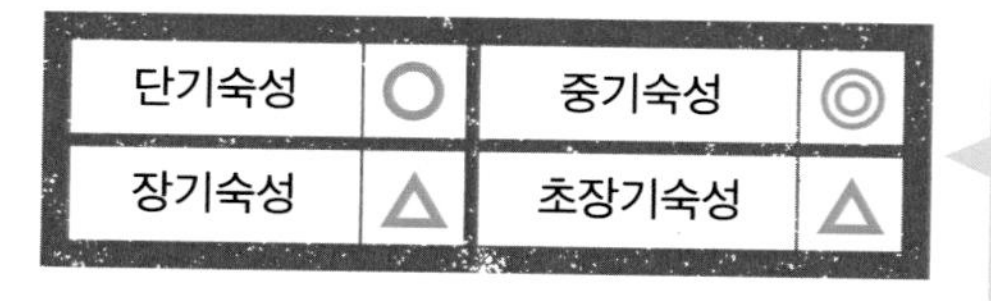

단기숙성	○	중기숙성	◎
장기숙성	△	초장기숙성	△

각각의 숙성기간(단기숙성=포획 후~5일 전후, 중기숙성=6~14일 전후, 장기숙성=15일~1개월, 초장기숙성=1개월 이상)에 따른 적정성 평가. ◎=매우 적합, ○=적합, △=보통, X=적합하지 않음

전처리 요점

- 생선 취급 시 위험 부위에 주의한다
- 목에 호스를 대고 수압으로 내장을 배쪽으로 밀어낸다

… 넙치농어, 점농어

가장 맛좋은 시기

1월	2월	3월	4월	5월	6월	7월	8월	9월	10월	11월	12월

미야자키현에서는 1월이 산란기. 기름진 시기는 알에 영양을 비축하는 산란기 1~2개월 전으로 11~12월이 제일 기름지고 맛있다. 산란기부터 산란 후인 1~2월에는 살이 말라 있으며 그 후부터 여름까지 서서히 회복한다. 가을부터 기름기가 배기 시작하는데, 섭식하는 소형 어종이 성장하여 몸집을 키우는 시기와 관련이 있는 것으로 보인다.

* 가장 맛좋은 시기와 해설은 미야자키현을 기준으로 삼았으므로 지역적 특성이나 기후에 따라 차이가 있을 수 있다(예를 들어 도쿄의 도요스시장은 생선의 기름진 시기가 미야자키시장보다 한 달가량 늦다).

1 뇌 찌르기

아감딱지의 선과 그 옆의 선이 만나는 곳의 연장선에서 눈쪽 부분에 뇌가 있다. 이곳에 칼을 40도 정도 등쪽으로 눕힌 상태에서 칼끝으로 뇌 찌르기를 한다. 눈 방향으로 찌르면 확실한 뇌 찌르기가 가능하며, 찌른 다음에 약간 비튼다.

2 아가미막 자르기

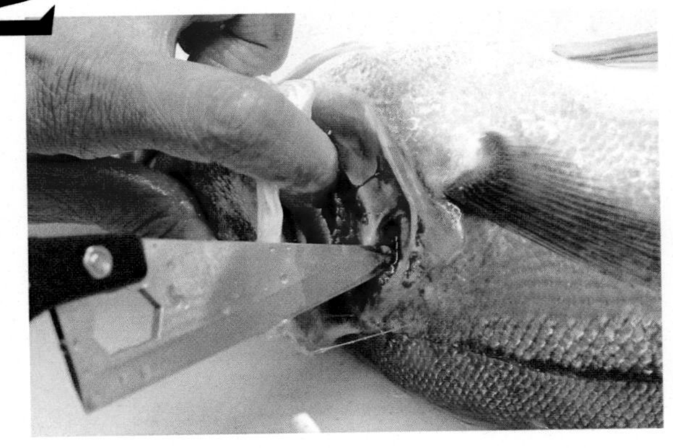

날카로운 부분에 주의하면서 아감딱지를 열고, 아가미를 젖혀서 아가미막을 노출시킨다. 척추에 칼날을 대고 가볍게 긋듯이 움직여 아래의 동맥을 자른다.

3 꼬리에 칼자국 내기

일반적으로 등지느러미와 뒷지느러미의 이음새 뒷부분이 자르는 곳이지만, 농어의 경우에는 꼬리가 두터우므로 좀 더 꼬리지느러미 방향으로 잘라도 된다. 척추에 칼날이 닿을 때까지 껍질과 살을 자른 후 칼턱을 척추에 대고 칼등을 두드려 척추를 자른다. 이후 작업이 수월하도록 꼬리를 전부 자르지 않고 붙여놓는다.

4 신경구멍에 노즐 넣기

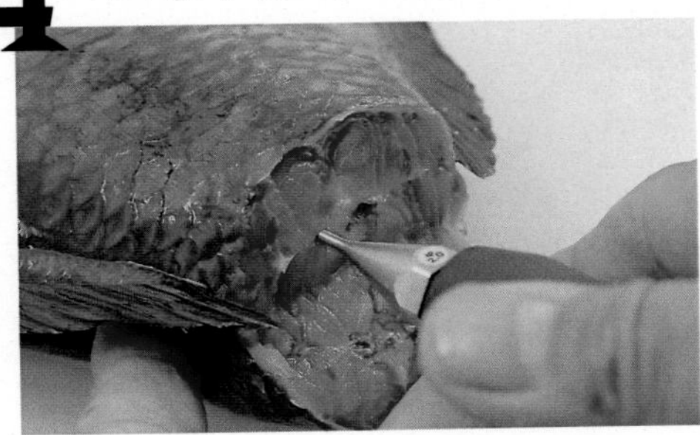

신경구멍에 맞는 구경의 노즐을 넣고 물을 주입한다. 물이 잘 통하면 뇌 찌르기에서 만들어진 구멍으로 하얀 실 같은 신경이 밀려나온다. 활어의 경우 이렇게 하면 완벽한 신케지메가 된다. 활어가 아닌 경우라도 부패하기 쉬운 신경은 빼내는 것이 좋다. 신경이 나오지 않더라도 물이 잘 통했다면 신케지메의 효과를 볼 수 있다.

5 동맥구멍에 노즐 넣기

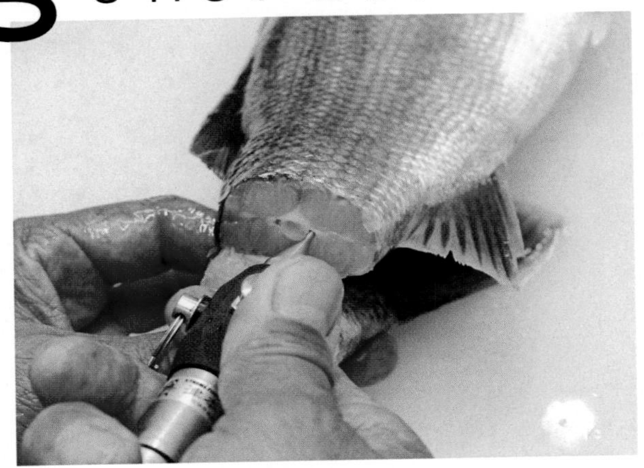

꼬리 부분의 살이 단단해지면 물 주입을 멈춘다.

척추의 배쪽에 있는 동맥구멍에 맞는 구경의 노즐을 수직 방향으로 넣고 물을 주입한다. 동맥의 피를 빼내는 작업이지만, 보다 중요한 점은 꼬리의 혈관 구석구석까지 물을 보내는 것이다.

6 궁극의 피빼기

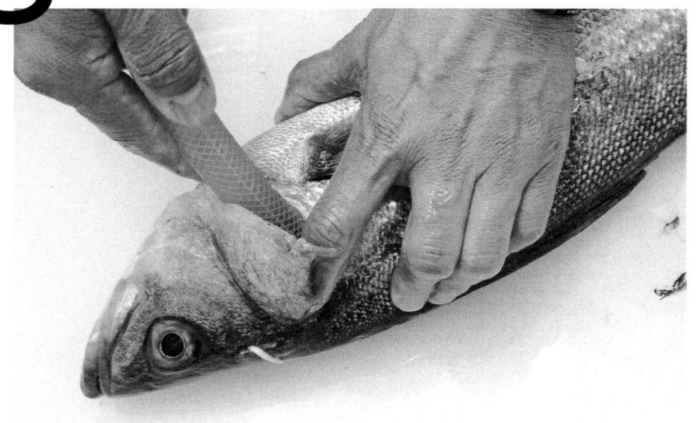

날카로운 부위에 주의하면서 아감딱지를 벌리고 아가미막의 구멍에 호스를 댄다. 아가미막 속의 척추에 대는 느낌으로 작업하되 강도를 세게 할 필요는 없다.

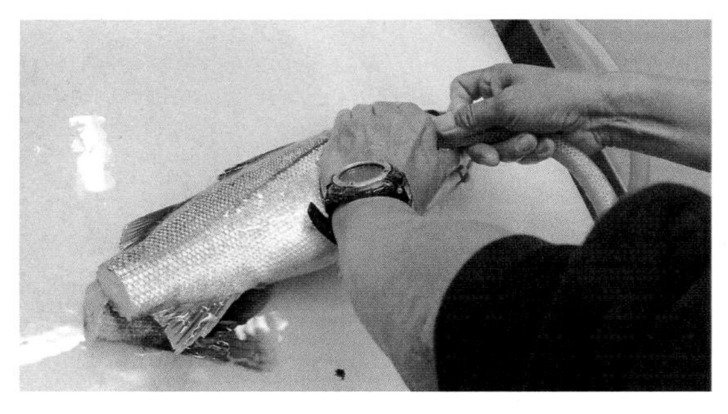

호스를 대고 나서 수압이 꼬리쪽으로 향하도록 호스의 위치와 각도를 맞추고, 손으로 아감딱지를 덮어주듯이 잡고 물을 주입한다. 생선이 팽팽해지면 멈춘다.

7 아가미 제거

기본 차트(p.20)에서 소개한 방어와 동일한 순서로 아가미를 제거한다. 등쪽의 접촉 부분을 자를 때는 칼의 각도에 주의한다. 등과 수평이 되도록 칼을 눕히는 게 포인트.

ONE POINT LESSON

날카로운 부분이 많으므로 손가락을 다치지 않도록 주의한다!

농어는 지느러미 가시나 아감딱지 등에 날카롭고 뾰족한 부분이 많으므로 취급 시 주의해야 한다. 특히 위험 요소가 많은 머리 주변을 만지는 아가미 제거 공정에서 각별한 주의를 요한다.

8 배 가르기

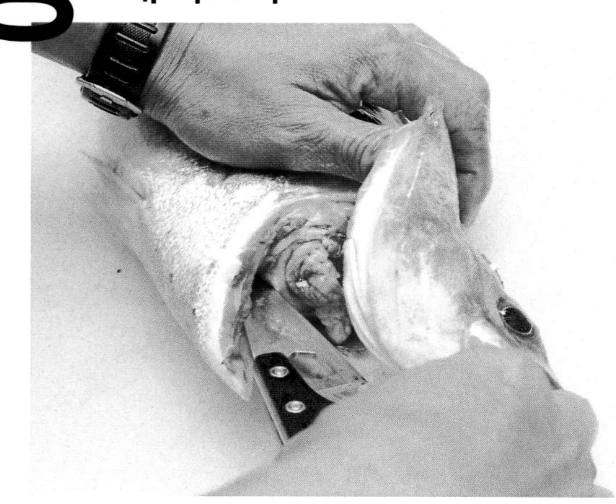

칼끝으로 심장이 들어 있는 쪽의 막을 한 번 베고, 등쪽을 향해 있는 칼날로 막을 자른다.

칼로 항문을 찌르고, 그대로 배 지느러미까지 배를 가른다.

9 내장 처리

배를 가른 부분에 손가락을 넣고 칼로 항문과 가까운 접촉 부분을 잘라낸다.

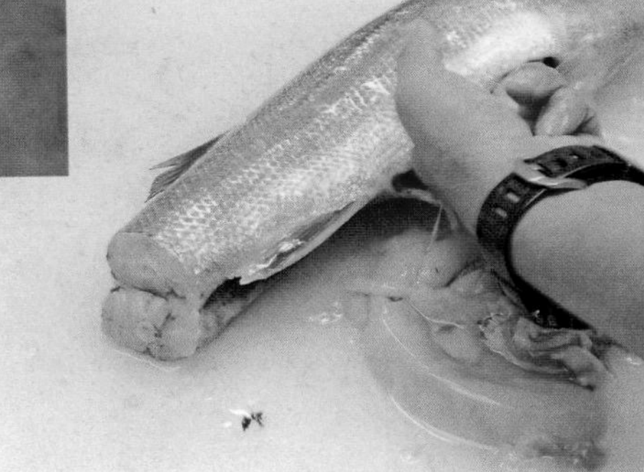

목쪽에서 호스로 물을 주입하고, 수압으로 내장을 배쪽으로 밀어내면서 손으로 꺼낸다.

10 신장 처리

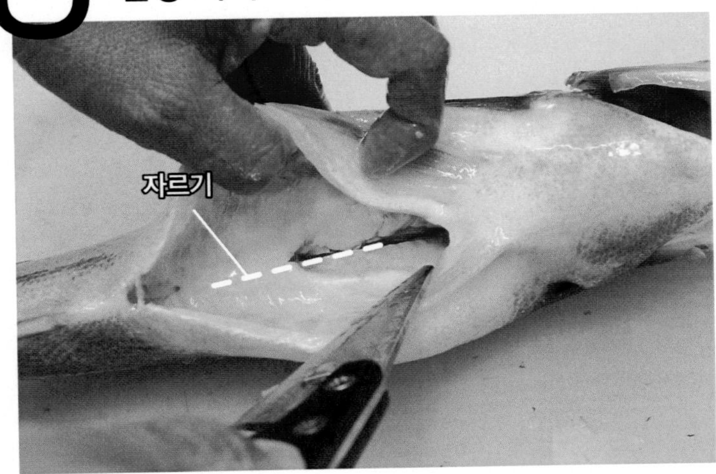

척추를 따라 복강막을 자르고 신장을 노출시킨다.

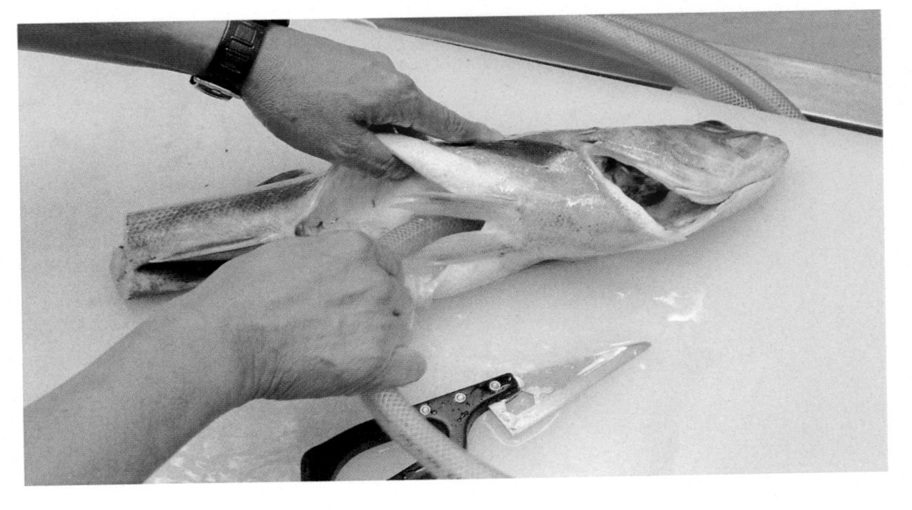

신장비늘제거기나 샤카샤카봉 등으로 신장을 제거한 다음, 호스로 척추를 문지르면서 물을 뿌리면 세세한 부분까지 제거된다. 물을 충분히 뿌려 씻는 것이 좋다.

친숙한 생선의 놀라운 변신

전갱이

농어목 전갱이과
Japanese jack mackerel

'아지'라는 이름으로 불리기도 하는 대중적 생선이다. 시중에 주로 유통되는 것은 10 ~ 30㎝ 정도인데, 40 ~ 50㎝의 큰 것도 있다. 육지의 인근 해역을 중심으로 서식하는 정착형과 먼 바다를 돌아다니는 회유형이 있으며, 정착형이 더 기름지다.

점액질이 있어 미끄럽다.

꼬리 부분에 딱딱한 톱니 모양의 모비늘이 있다.

항문 근처의 가시에 주의한다!

단기숙성	◎	중기숙성	○
장기숙성	△	초장기숙성	×

가장 맛좋은 시기

1월	2월	3월	4월	5월	6월	7월	8월	9월	10월	11월	12월

산란기가 일정하지 않아 1년 내내 알을 볼 수 있다. 단정하기는 어려우나 통계적으로 미야자키현에서 가장 맛있는 시기는 알의 수가 가장 적은 10 ~ 11월이다. '가을에는 등푸른 생선과 붉은 생선이 맛있다'는 말이 있듯이 등푸른 생선인 전갱이는 가을에 맛이 좋다.

전처리 요점

- 꼬리를 자르는 요령이 있다
- 아감딱지에 호스가 들어가지 않으면 소형 어종용 고압노즐을 사용한다

같은 방법으로 다른 생선도! … 전갱이류, 고등어, 물치다랑어

1 뇌 찌르기

아감딱지의 연장선상에서 은색으로 반짝이는 관자놀이를 칼끝으로 찌른다. 수직 방향에서 척추쪽으로 40도 정도 기울여 찌른 후 조금 비틀어 뇌사시킨다.

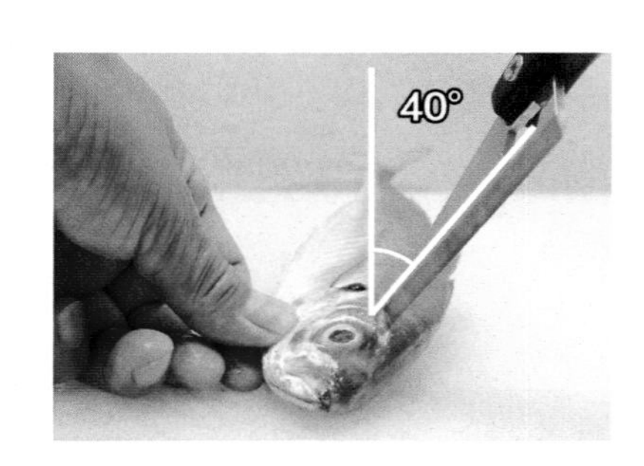

2 아가미막 자르기

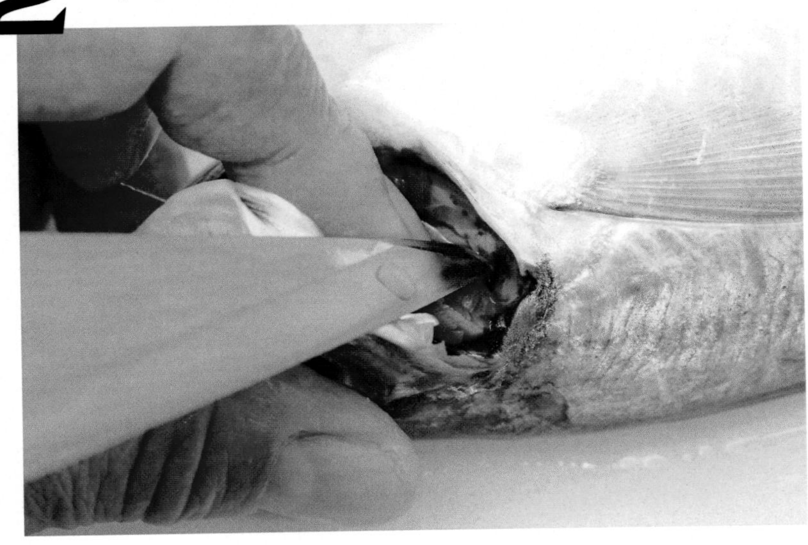

아감딱지를 손가락으로 벌리고 아가미의 적색 부분을 들어서 아가미막을 노출시킨다. 아가미막의 등쪽에 칼을 넣어 척추에 칼날을 대고 가볍게 긋듯이 움직여 아래의 동맥을 자른다.

3 꼬리에 칼자국 내기

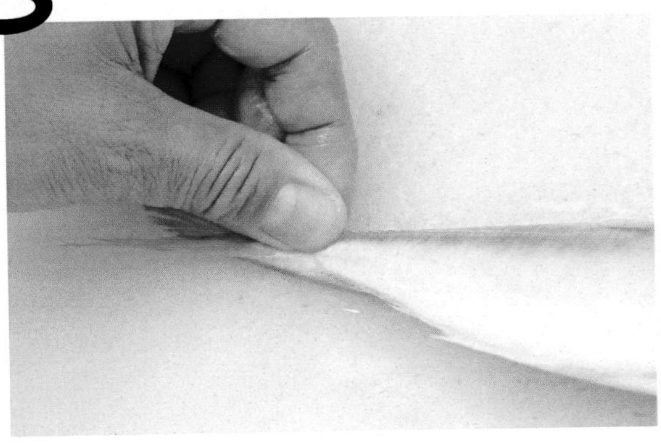

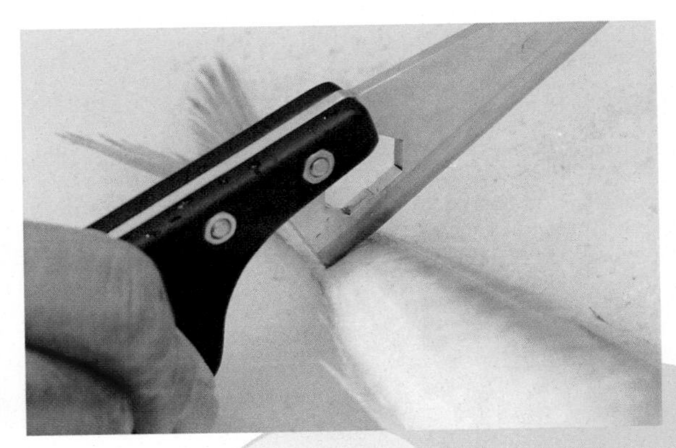

모비늘이 있어 자를 때 요령이 필요하다. 등쪽이 도마에 닿도록 잡고 칼턱을 배쪽에 넣고 밀어주면서 모비늘을 자른다. 척추에 칼이 닿으면 칼턱을 척추에 대고 칼등을 두드려 척추를 자른다. 모양새를 고려하지 않는다면 꼬리는 잘라버려도 상관없다.

ONE POINT LESSON

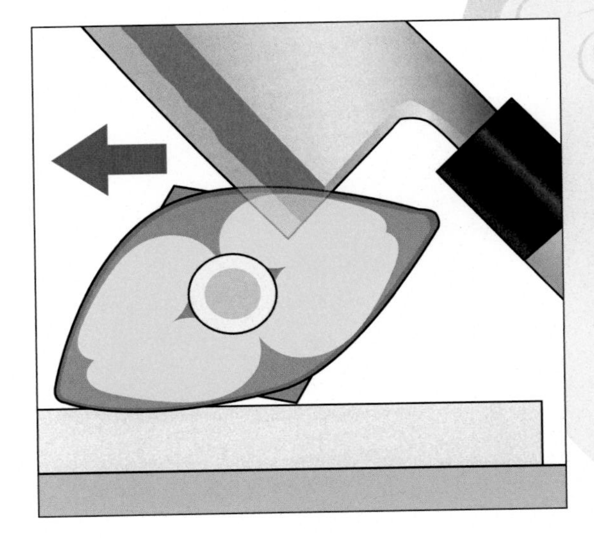

모비늘은 옆에서 수직 방향으로 자른다.

칼턱을 배쪽에 꽂은 채로 모비늘 옆에서 눌러 자르는 것이 포인트. 위쪽에서 자르면 척추를 자른 단면이 뭉개질 수 있으므로 주의한다.

4 신경구멍에 노즐 넣기

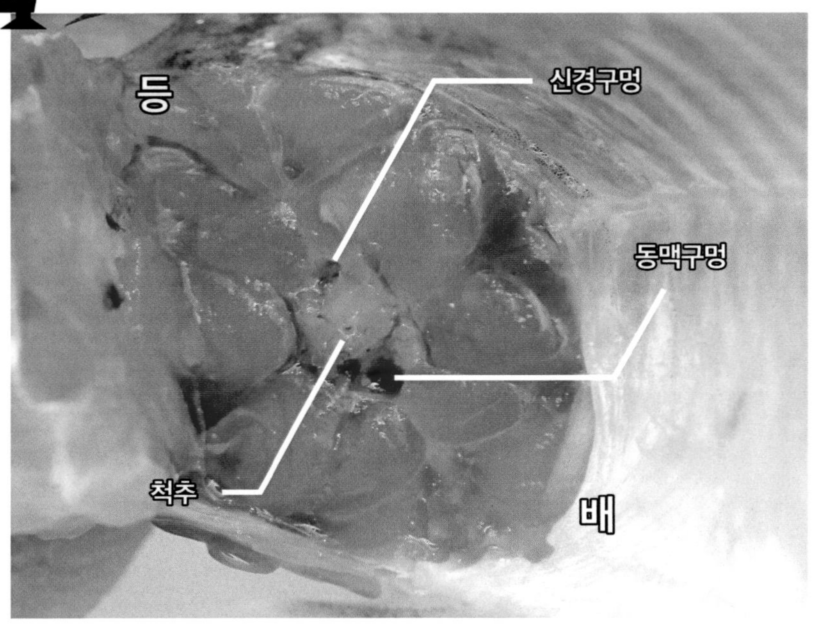

신경구멍에 맞는 구경의 노즐을 끼우고 물을 주입하여 수압으로 하얀 실 모양의 신경을 나오게 한다. 활어의 경우 신케지메와 같은 효과를 볼 수 있으며, 선어의 경우에는 생략해도 된다. 단, 신경은 생선의 부패 요인이 되므로 가능하면 제거하는 것이 낫다.

5 동맥구멍에 노즐 넣기

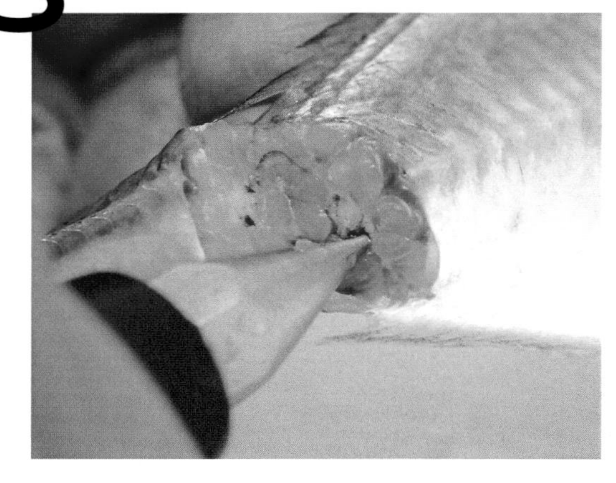

동맥구멍에 맞는 구경의 노즐을 끼우고 물을 주입한다. 꼬리 부분의 모세혈관에 물을 넣는 작업으로, 해당 부위가 팽팽해지면서 배쪽의 살이 부풀어오르면 멈춘다. 물을 너무 많이 넣으면 살이 터질 수 있으므로 주의한다.

ONE POINT LESSON

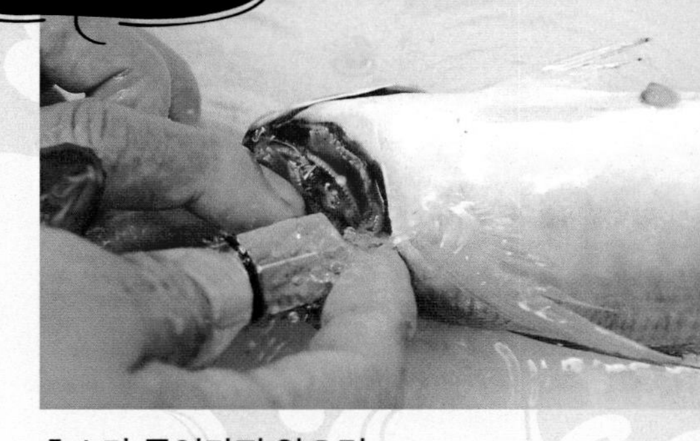

호스가 들어가지 않으면 소형 어종용 고압 노즐을 사용한다.

아감딱지 사이에 호스가 들어가지 않는 소형 어종은 소형 어종용 고압노즐을 사용한다. 동맥 부분에 직접 대고 사용하면 된다.

6 궁극의 피빼기

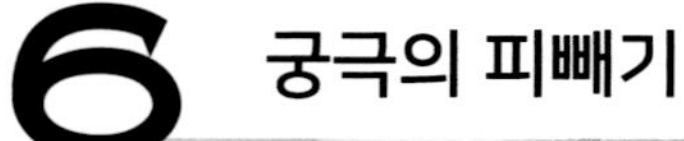

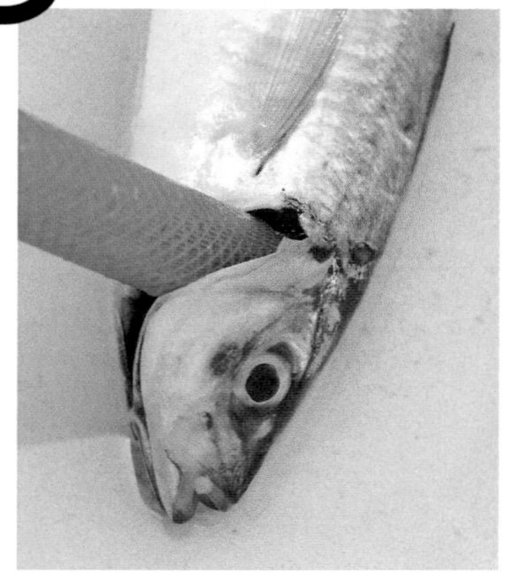

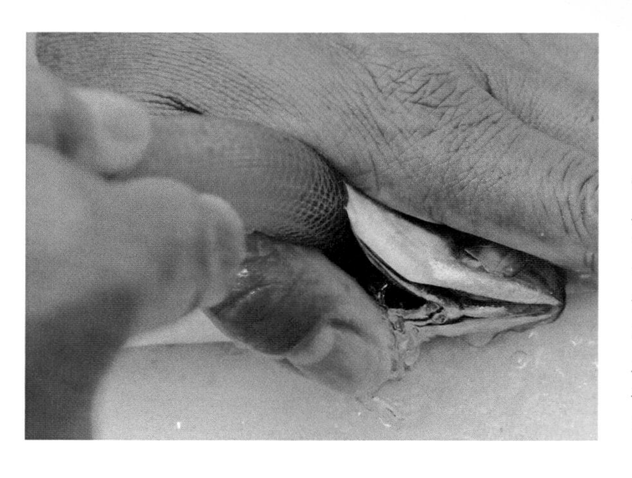

아감딱지를 벌리고, 손가락으로 아가미를 젖혀서 아가미막을 노출시키고, 호스를 댄다. 수압이 동맥쪽으로 가해지도록 호스의 각도를 조절한 후 아감딱지 전체를 손으로 덮듯이 고정하고 물을 주입한다. 몸이 팽팽해지면 멈춘다.

7 아가미 제거

기본 차트(p.20)에서 소개한 방어와 동일한 순서로 아가미를 제거한다. 전갱이는 울대와 아가미 사이를 손으로 분리할 수 있다.

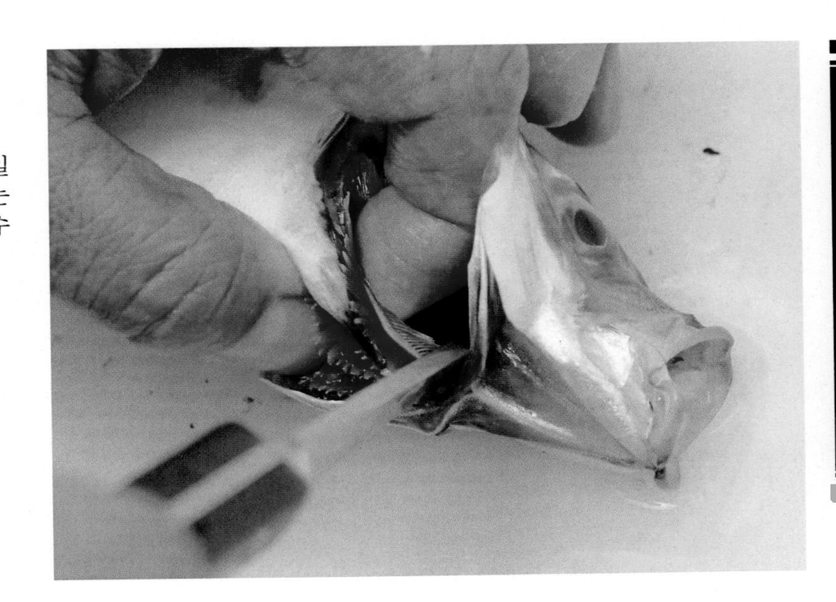

8 배 가르기

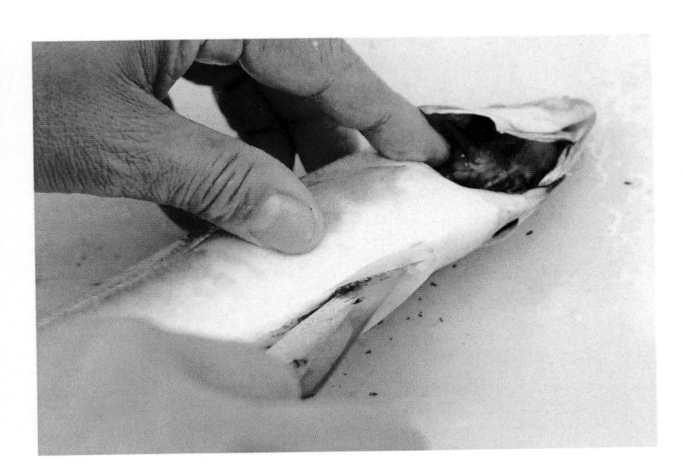

사진과 같이 칼끝으로 심장이 들어 있는 쪽의 막을 한 번 베고, 등 쪽을 향해 있는 칼날로 막을 자른다. 그다음 항문을 칼로 찔러 그대로 배지느러미까지 배를 가른다.

9 내장 처리

목쪽에서 호스로 물을 주입하고, 수압으로 내장을 배쪽으로 밀어내면서 손으로 꺼낸다. 이때 항문 밑쪽에 있는 2개의 날카로운 가시를 조심한다.

10 신장 처리

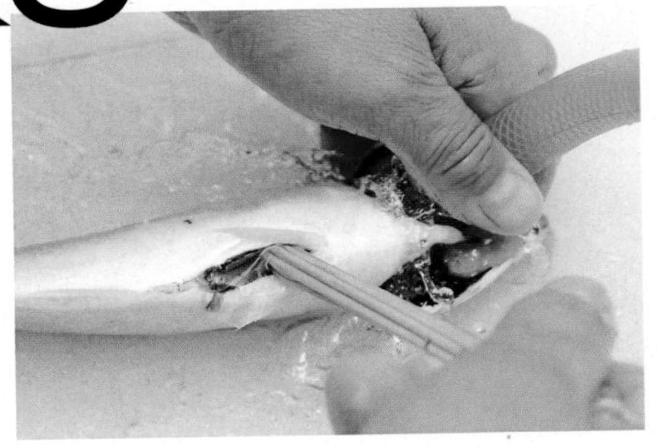

목쪽에서 호스로 물을 흘리면서 샤카샤카봉이나 대나무꼬챙이를 묶은 도구로 신장과 남은 내장을 제거한다. 신장과 내장 찌꺼기가 끼기 쉬운 항문 부근까지 꼼꼼히 처리한다.

튀김요리? 아부리회!

보리멸

농어목 보리멸과
Japanese whiting

'키스'라고도 불린다. 연안지역의 모래땅에서 생식하며, 던질낚시의 대상 어종으로 인기가 많다. 튀김 요리가 유명하지만, 단기숙성 후 껍질만 아부리(불에 쬐어 구움)한 회로 먹어도 맛있다. 간혹 기생충이 발견되는 경우도 있으니 주의가 필요하다.

표면에 점액질이 있다.

단기숙성	◎	중기숙성	○
장기숙성	△	초장기숙성	△

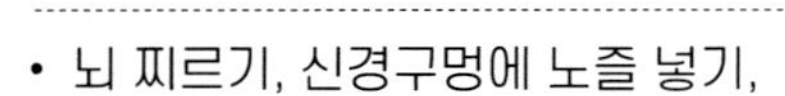

전처리 요점

- 뇌 찌르기, 신경구멍에 노즐 넣기, 동맥구멍에 노즐 넣기 등은 생략한다
- 궁극의 피빼기는 소형 어종용 고압노즐을 사용한다
- 물을 너무 많이 넣으면 혈관이나 살이 손상될 수 있으므로 주의한다

가장 맛좋은 시기

1월	2월	3월	4월	5월	6월	7월	8월	9월	10월	11월	12월

미야자키현에서는 주로 초여름에 다른 생선들과 함께 포획되어 시장에 유통되는데, 이때가 가장 맛있다. 개체별 기름진 정도의 차이는 구별하기 어려우며, 고급스러운 살의 감칠맛이 두드러진다.

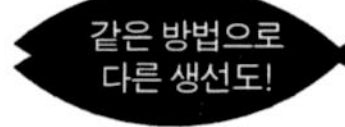

… 망둥이, 소형 어종

1 뇌 찌르기

소형 어종이므로 생략한다.

2 아가미막 자르기

아감딱지를 열고 아가미막을 노출시킨다. 칼끝이 뾰족한 칼로 아가미막을 찔러 척추에 칼날을 대고 가볍게 긋듯이 움직여 아래의 동맥을 자른다.

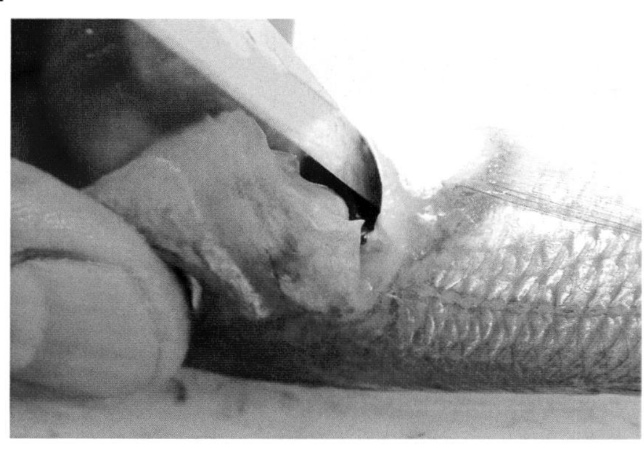

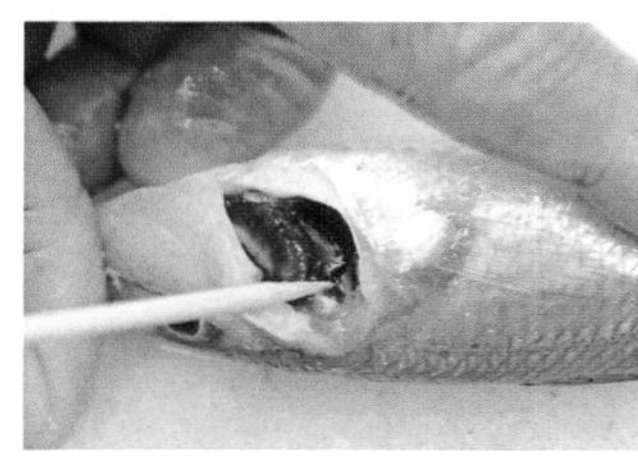

나무꼬챙이의 끝부분이 가리키는 곳이 아가미막이다.

3 꼬리에 칼자국 내기

등지러미 끝을 기준으로 자르는데, 가볍게 칼등을 두드려 척추를 자른다. 모양새를 고려하지 않는다면 꼬리를 잘라내도 된다.

4 신경구멍에 노즐 넣기

소형 어종이므로 생략한다.

5 동맥구멍에 노즐 넣기

소형 어종이므로 생략한다.

6 궁극의 피빼기

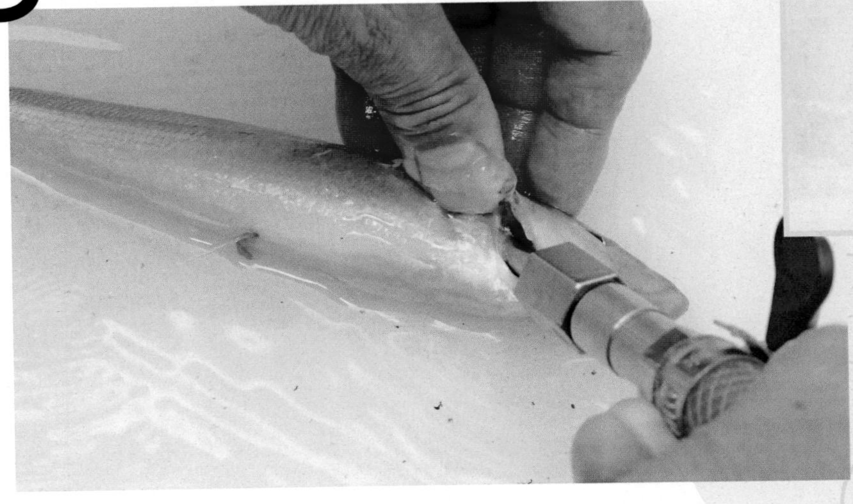

소형 어종용 고압노즐을 아가미막 속의 동맥에 대고 물을 혈관에 보낸다. 어느 정도 생선이 팽팽해지면 멈춘다. 물의 양이 과하면 혈관이 파괴되므로 주의한다.

ONE POINT LESSON

소형 어종에는 소형 어종용 고압노즐이 필수!

아가미막 구멍에 호스가 들어가지 않는 소형 어종은 츠모토식 하이퍼커넥터와 연결할 수 있는 소형 어종용 고압노즐을 사용한다. 이 노즐은 보리멸, 망둥이, 전갱이, 볼락, 쏨뱅이 등의 소형 어종에 적합하다.

7 아가미 제거

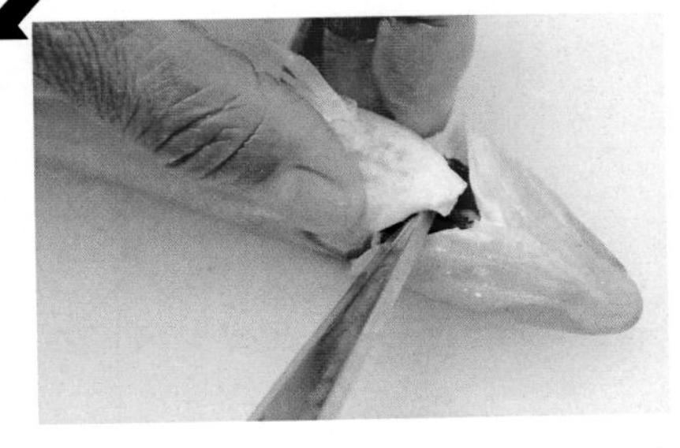

소형 어종이지만 순서는 기본 차트(p.20)와 같다. 칼끝이 뾰족한 칼을 사용한다. 칼끝으로 심장이 들어 있는 쪽의 막을 한 번 베고, 등쪽을 향해 있는 칼날로 막을 자른다.

8 배 가르기

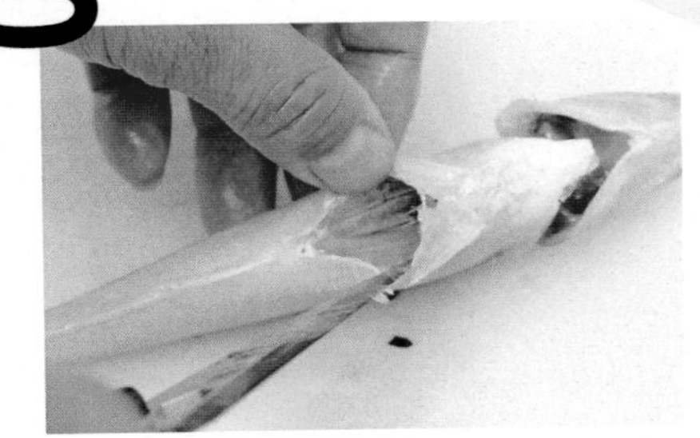

칼로 항문을 찌르고, 그대로 배지느러미까지 배를 가른다.

9 내장 처리

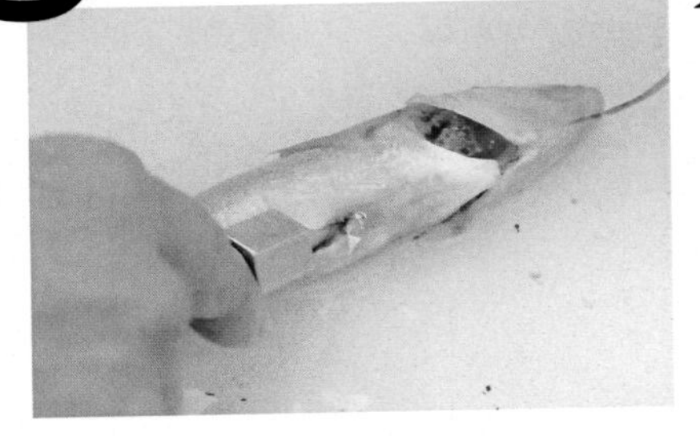

소형 어종용 고압노즐을 배에 넣고 수압으로 내장을 목쪽으로 밀어내어 손으로 끄집어낸다.

10 신장 처리

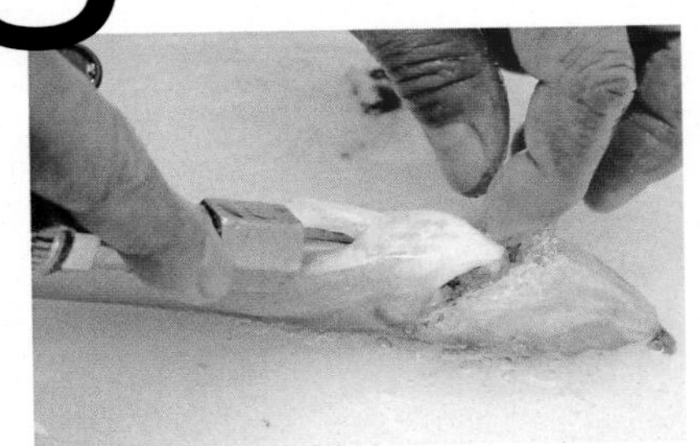

소형 어종용 고압노즐을 척추에 대고 문질러서 신장과 내장 찌꺼기를 제거한다.

석화 냄새가 나는 벌레를 섭취한 보리멸을 조심하자!

보리멸 중에서 염소나 석화 냄새가 나는 것이 있다. 원인은 반삭동물의 일종인 냄새충이다. 참갯지렁이과의 동물과 형태가 비슷한데 악취가 심하다. 이 벌레를 섭취한 보리멸은 악취가 몸에 퍼질 뿐 아니라 다른 생선에도 냄새를 퍼뜨리므로 잡았을 때 냄새를 맡아 의심되면 버린다.

모두가 좋아하는 생선의 왕자

참돔

농어목 참돔과
Red seabream

'생선의 왕자'로 불린다. 1m가 넘는 대형 참돔도 있지만, 일반적으로는 1 ~ 2kg 정도의 참돔이 제일 맛있다. 암초지대에서부터 모래지역까지 폭넓게 서식하며, 소형 어종은 물론 갑각류, 새우, 오징어 등을 먹이로 섭취한다. 양식어가 주로 유통된다.

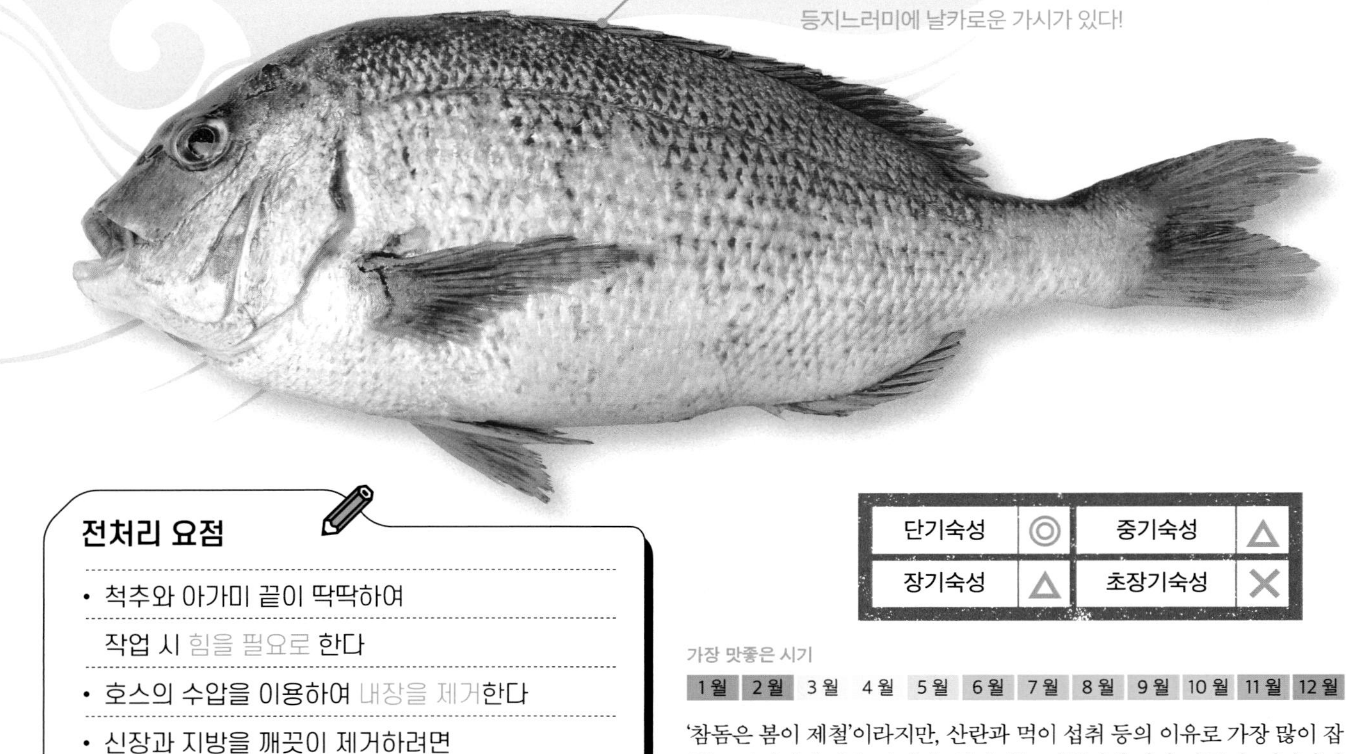

전처리 요점

- 척추와 아가미 끝이 딱딱하여 작업 시 힘을 필요로 한다
- 호스의 수압을 이용하여 내장을 제거한다
- 신장과 지방을 깨끗이 제거하려면 신장비늘제거기가 필요하다

같은 방법으로 다른 생선도! … 넙치농어, 점농어

단기숙성	◎	중기숙성	△
장기숙성	△	초장기숙성	✕

가장 맛좋은 시기

1월	2월	3월	4월	5월	6월	7월	8월	9월	10월	11월	12월

'참돔은 봄이 제철'이라지만, 산란과 먹이 섭취 등의 이유로 가장 많이 잡히는 시기여서 나온 말이다. 산란기는 서식지에 따라 다른데, 미야자키현에서는 2월경부터 산란을 시작하는 참돔도 있다. 맛이 제일 좋은 시기는 겨울인 12 ~ 2월이다. 미야자키현에서 으뜸으로 꼽히는 참돔은 북쪽의 양식장 근처에 서식하는 자연산으로, 산란기를 제외하면 항상 기름지고 맛있다.

1 뇌 찌르기

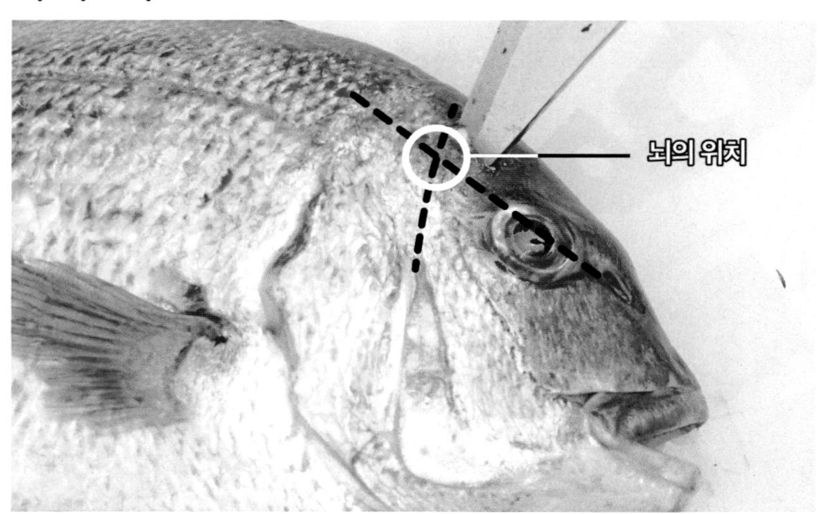

아감딱지를 잇는 연장선과 코와 눈을 기준으로 연결한 선이 교차되는 지점에 뇌가 있는데, 그보다 조금 위의 지점에서 대각선 방향으로 찌른 후 칼끝을 약간 비튼다.

2 아가미막 자르기

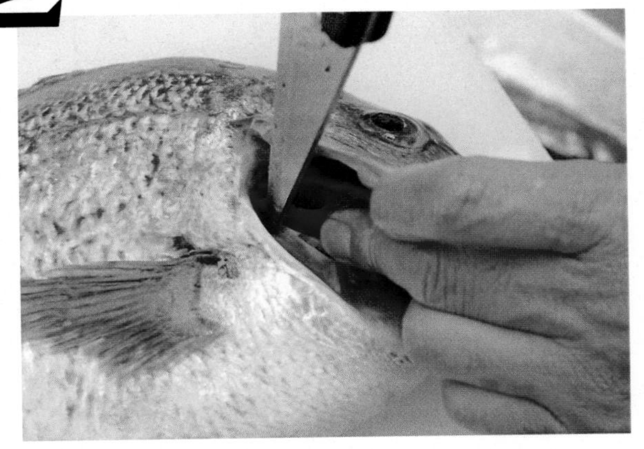

아감딱지를 열고 아가미를 젖혀서 아가미막을 노출시킨다. 칼을 등쪽으로 향하게 하여 아가미막에 찌른 후 척추에 칼날을 대고 가볍게 굿듯이 움직여 아래의 동맥을 자른다.

3 꼬리에 칼자국 내기

등지느러미와 뒷지느러미의 이음새보다 약간 더 꼬리쪽의 부분을 자른다. 칼날이 척추에 닿으면 칼턱을 척추에 대고 칼등을 두드려 척추를 자른다. 반대편 껍질을 자르지 않고 놓아두면 다음 작업이 수월하다.

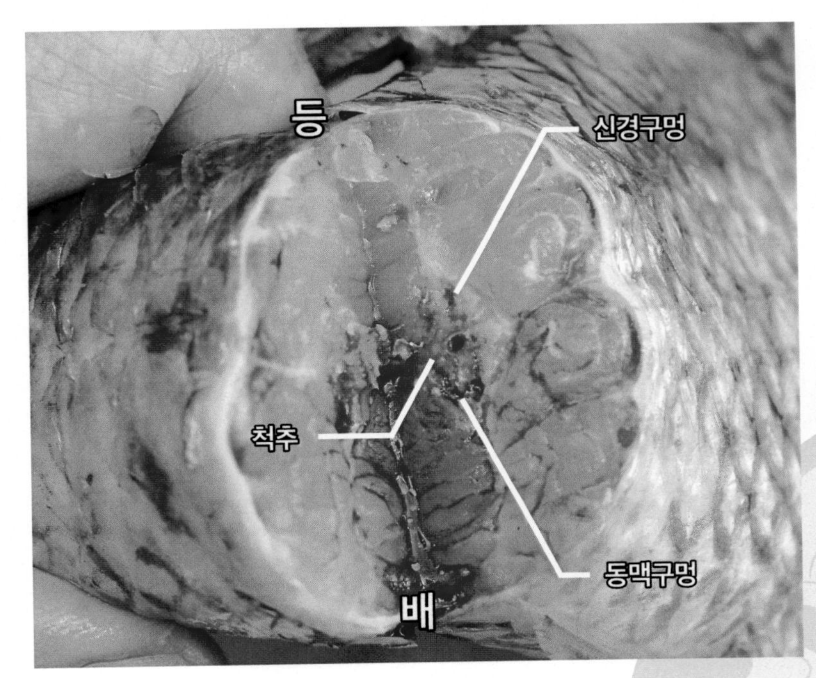

4 신경구멍에 노즐 넣기

신경구멍에 맞는 구경의 노즐을 넣고 물을 주입한다. 물이 통하면 뇌 찌르기에서 만들어진 구멍으로 신경이 나온다.

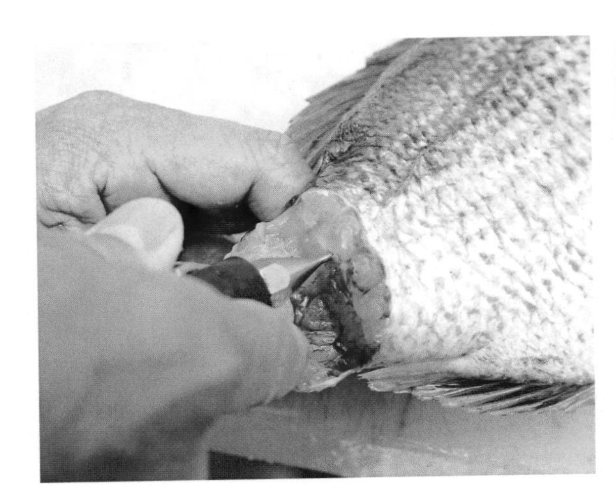

신경은 제거하지 않아도 된다

하얀 실 같은 모양의 신경은 척추의 등쪽을 따라 뇌까지 연결되어 있다. 꼬리의 신경구멍에서 노즐로 물을 주입하면 신경을 제거할 수 있으며 신케지메도 가능하다. 신경이 제거되지 않아도 물이 통하면 신케지메와 같은 효과를 볼 수 있다.

활어가 아닌 경우에는 이 공정을 생략해도 되지만, 부패 가능성이 있는 부위를 미리 처리한다는 의미에서 해두면 좋다.

5 동맥구멍에 노즐 넣기

동맥구멍의 크기에 맞는 노즐을 꽂고 물을 주입하여 동맥과 꼬리 부근의 모세혈관으로 물을 보낸다.

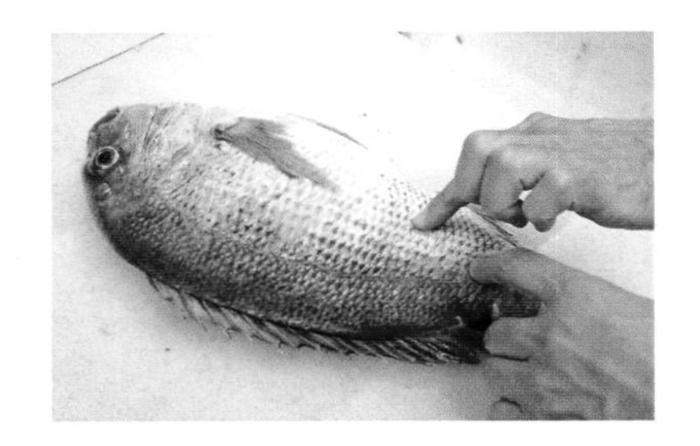

꼬리 부근을 가볍게 눌렀을 때 팽팽함이 느껴지면 멈춘다.

6 궁극의 피빼기

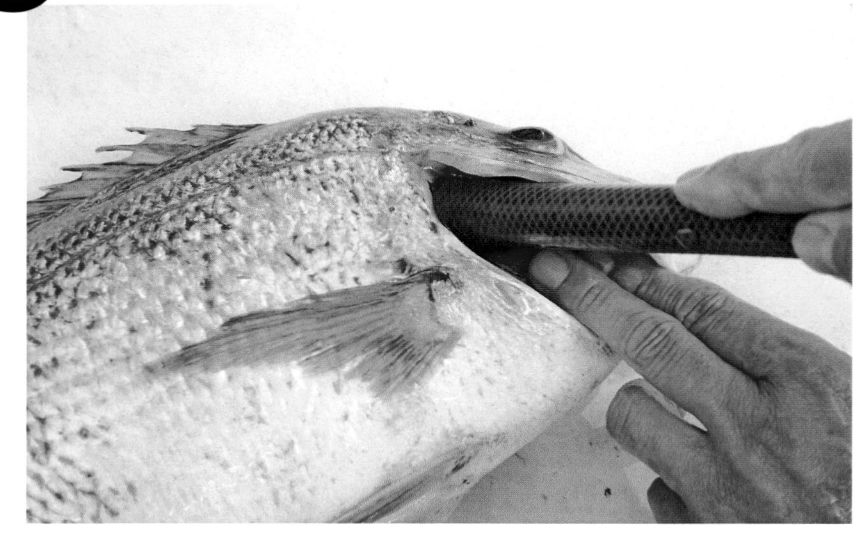

아감딱지를 벌리고 손가락으로 아가미를 젖혀서 아가미막을 노출시킨다. 아가미막을 자른 후에 생긴 동맥구멍에 호스를 댄다. 척추를 따라 이어져 있는 동맥에 호스를 연결하는 것이다.

꼬리쪽으로 수압이 걸리도록 호스의 각도를 조절한다. 약간 등쪽으로 호스 입구를 향하게 하는 것이 포인트. 손으로 호스와 아감딱지를 덮어주듯이 고정하고 물을 주입한다. 물은 동맥을 따라 꼬리 절단 부분으로 흐르며 피를 씻어내면서 전체 혈관에 보내진다. 만져서 팽팽해지면 멈춘다.

7 아가미 제거

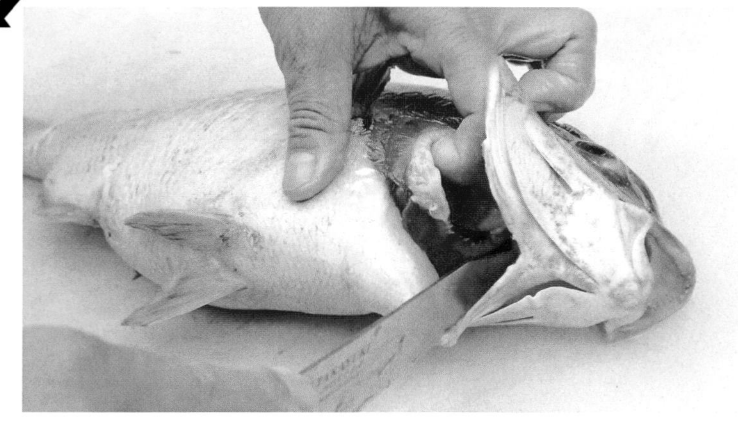

기본 차트(p.20)에서 소개한 방어와 같은 순서로 아가미를 제거한다. 아가미 위쪽과 아래쪽의 이음새가 딱딱하므로 아가미에 손가락을 단단히 걸어 절단 부위가 팽팽해진 상태에서 잘라내는 것이 포인트.

8 배 가르기

칼끝으로 심장이 들어 있는 쪽의 막을 한 번 베고, 등쪽을 향해 있는 칼날로 막을 자른다.

칼로 항문부터 배지느러미 끝까지 자른다. 츠모토식은 가능하면 자르는 부위를 적게 하는 것이다.

9 내장 처리

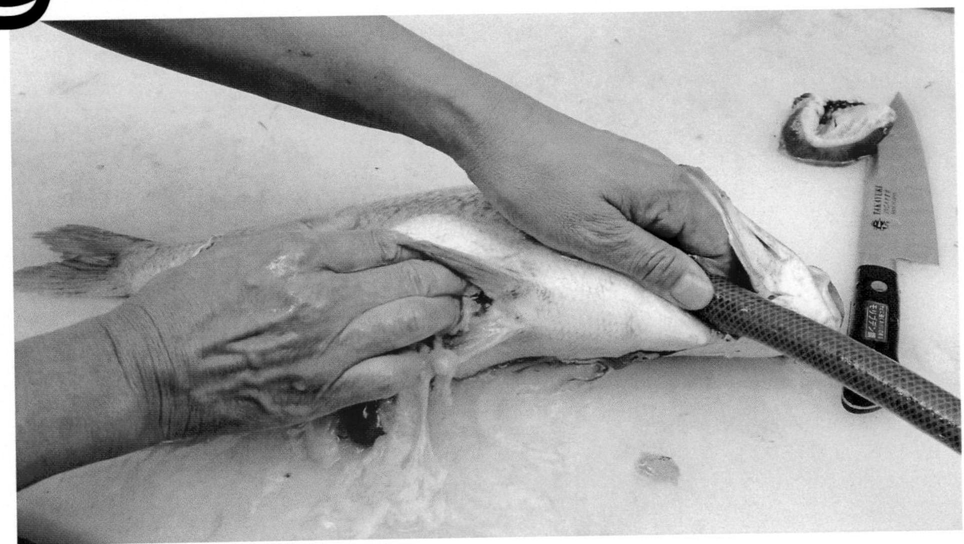

배를 가른 구멍이 크지 않으므로 호스로 목쪽에서 물을 보내 수압으로 내장과 지방을 배쪽으로 밀어내면서 손으로 꺼낸다.

10 신장 처리

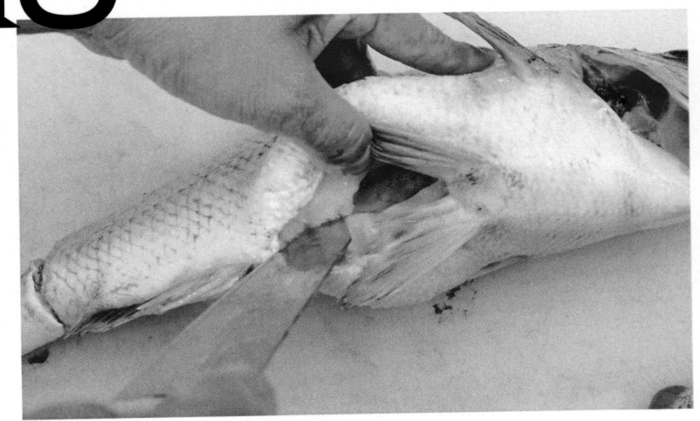

신장은 지방과 막으로 싸여 있으므로 척추를 따라 잘라낸다.

신장비늘제거기로 척추를 따라 붙어 있는 신장과 지방을 제거한다. 이때 목쪽에서 호스로 물을 흘리면서 작업하면 깨끗이 씻어낼 수 있다. 마지막으로 호스로 척추 부분을 문지르듯 세세하게 물을 뿌려주면서 배 속을 씻어낸다.

흰살의 담백함에 더해진 맛!

벵에돔

농어목 황줄깜정이과
Largescale blackfish

간사이지방에서는 '구레'로 부르며, 시중에서는 40 ~ 50㎝ 크기의 벵에돔이 유통된다. 육지에서 멀리 떨어진 바다(난바다)에서 주로 서식하는 긴꼬리벵에돔과 함께 갯바위낚시 어종으로 인기가 높다. 살은 투명하고 흰 빛깔을 띠지만, 잡식성이어서 여름에는 비린내가 나기도 한다.

단기숙성	◎	중기숙성	○
장기숙성	△	초장기숙성	×

전처리 요점

- 뇌 찌르기 시 각도를 더 준다
- 아가미 주변이 딱딱하므로 주의한다
- 내장 제거 시 호스를 사용하면 편리하다

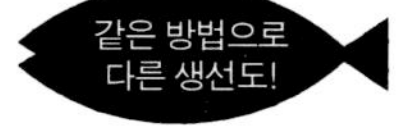

… 긴꼬리벵에돔, 황줄깜정이

가장 맛좋은 시기

1월	2월	3월	4월	5월	6월	7월	8월	9월	10월	11월	12월

'칸구레(겨울 벵에돔)'라고 불리듯이 겨울(12월경)에 가장 맛있지만, 5월 전후에도 기름져서 맛이 좋다. 산란기는 가을이지만, 12월에도 알을 품고 있는 경우를 볼 수 있다. 같은 시기라도 알을 품고 있지 않은 벵에돔은 맛있으나, 알이 차 있는 생선은 기름기가 빠져 있다. 모든 생선이 그렇지만, 특히 벵에돔은 개체 간 차이가 크다.

1 뇌 찌르기

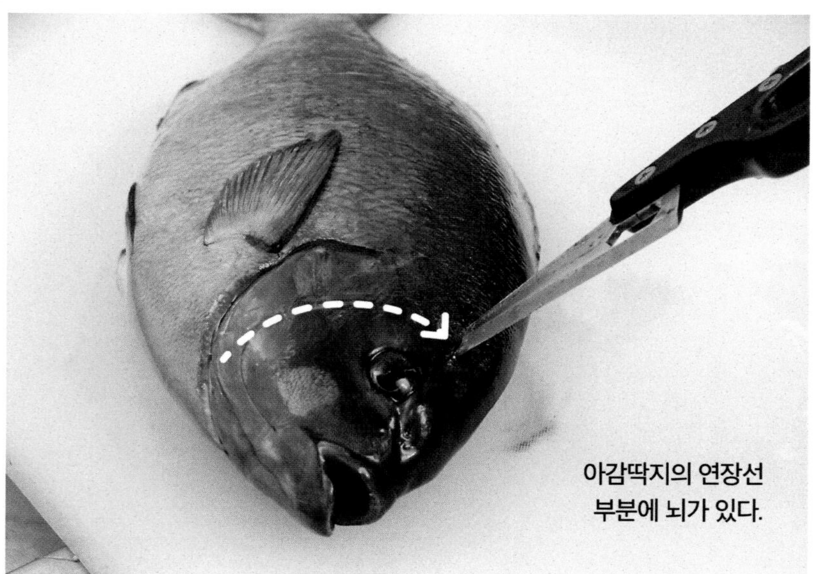

아감딱지의 연장선에서 눈 윗부분 아래쪽에 칼끝을 대고 등쪽으로 40도 정도 기울인 상태에서 칼을 꽂고 비틀어서 뇌사시킨다.

2 아가미막 자르기

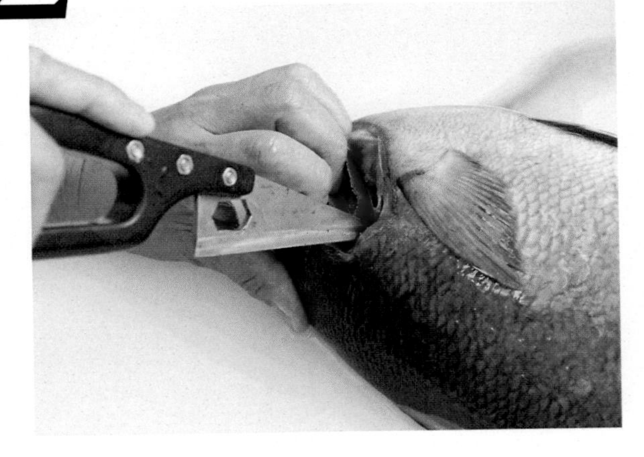

아감딱지를 손으로 잡고 벌린 후 그 안에 있는 아가미를 젖히면 아가미막이 보인다. 아가미막의 등쪽에 가까운 부분을 칼로 찌른다. 척추에 칼날을 대고 가볍게 긋듯이 움직여 아래의 동맥을 자른다.

3 꼬리에 칼자국 내기

등지느러미와 뒷지느러미 사이의 척추에 닿을 때까지 자른다. 칼이 척추에 닿으면 칼턱을 척추에 대고 칼등을 두드려 척추를 자른다. 반대쪽 껍질을 자르지 않고 놓아두면 다음 작업을 할 때 수월하다.

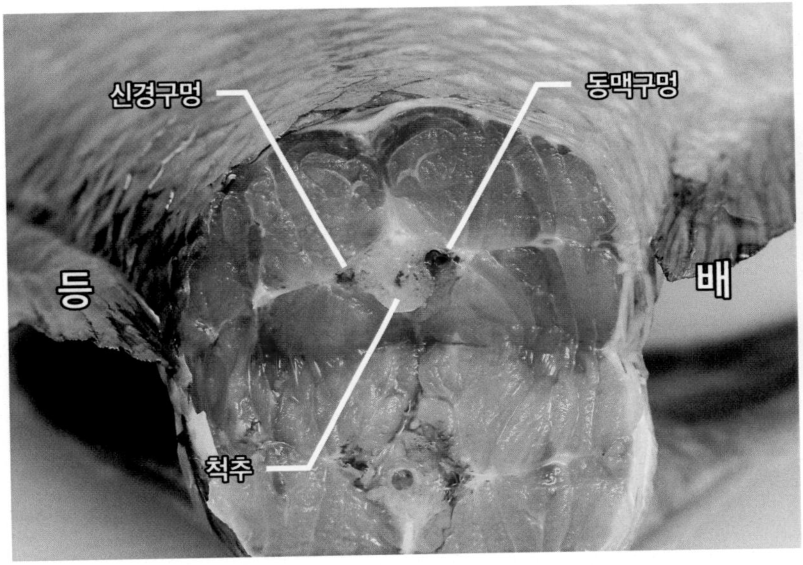

신경구멍
동맥구멍
등
배
척추

4 신경구멍에 노즐 넣기

꼬리를 잘라 노출시킨 신경구멍에 맞는 구경의 노즐을 꽂고 물을 주입하여 신경을 제거한다. 선어의 경우 생략해도 되지만 부패하기 쉬운 신경은 제거해두는 편이 낫다.

5 동맥구멍에 노즐 넣기

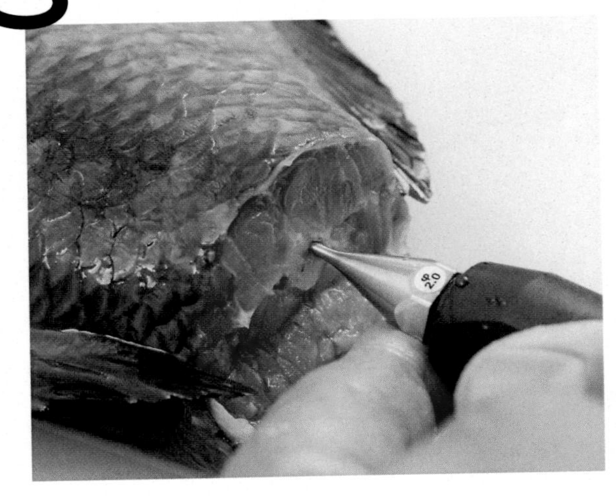

동맥구멍의 크기에 맞는 노즐을 꽂고 물을 주입한다. 이때 꼬리가 붙어 있으면 잡고 고정할 때 편리하다.

물을 주입하면 사진과 같이 꼬리 주변이 부풀어올라 팽팽해진다. 단단해지면 멈춘다.

6 궁극의 피빼기

아감딱지를 손가락으로 벌리고 호스를 넣어 아가미막 속의 동맥구멍에 댄다. 가볍게 댄다는 느낌으로 작업한다. 이어서 호스의 수압이 꼬리쪽에 걸리도록 각도를 조절하고, 손으로 아가미를 덮어주며 호스와 생선을 잡고 물을 주입한다.

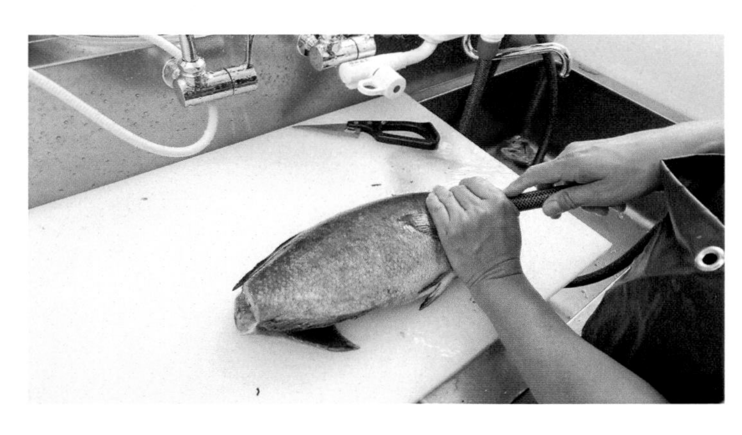

사진과 같이 몸이 팽팽해지면 멈춘다. 물이 잘 통하면 절단한 꼬리쪽의 동맥구멍에서 물에 씻긴 피가 나온다. 손으로 덮어주는 이유는 동맥쪽에 수압이 더 가해져 물이 잘 통하게 하려는 것이다.

7 아가미 제거

기본 차트(p.20)에서 소개한 순서대로 아가미를 잘라낸다. 우선 아가미막을 따라 가볍게 칼로 그은 다음 목쪽의 접촉 부분을 자른다.

반대편 아가미막도 위와 같이 잘라낸 후 아가미의 흰 부분을 손가락으로 당기고 머리쪽에 맞닿아 있는 부분을 절단하여 아가미를 제거한다.

8 배 가르기

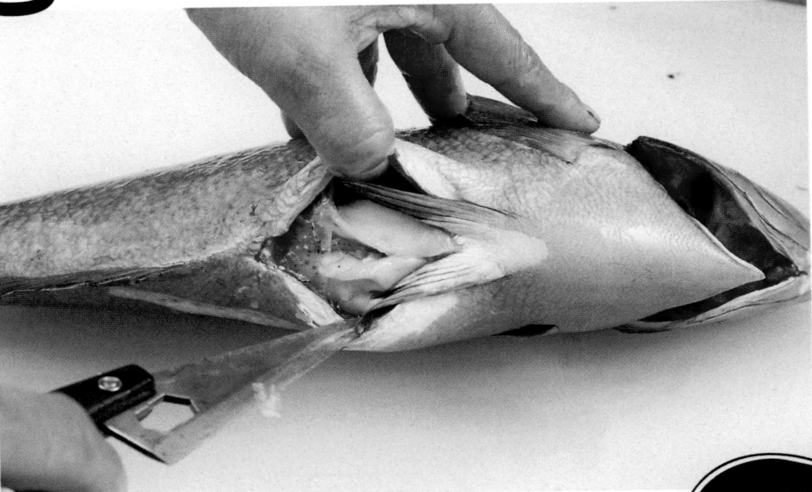

칼끝으로 심장이 들어 있는 쪽의 막을 한 번 베고, 등쪽을 향해 있는 칼날로 막을 자른다. 이어서 칼로 항문을 찌르고 그대로 배지느러미까지 배를 가른다. 가급적 공기에 노출되지 않도록 해야 하므로 배를 너무 많이 가르지 않는 것이 좋다.

9 내장 처리

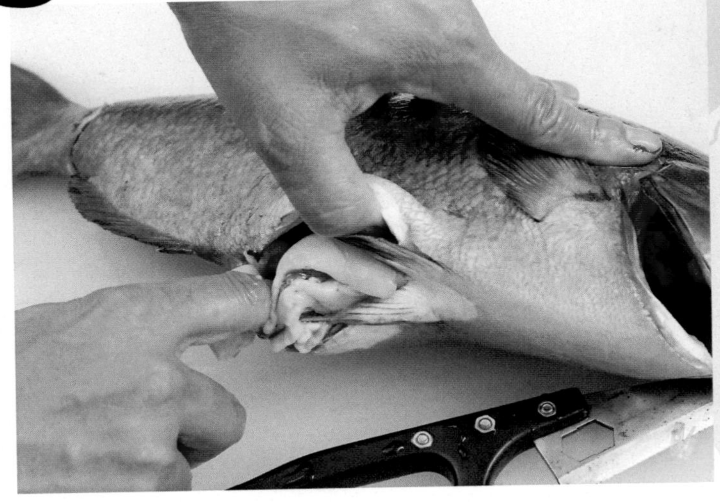

내장을 손가락으로 꺼내고, 항문과 이어져 있는 부분을 칼로 잘라 내장을 제거한다.

ONE POINT LESSON

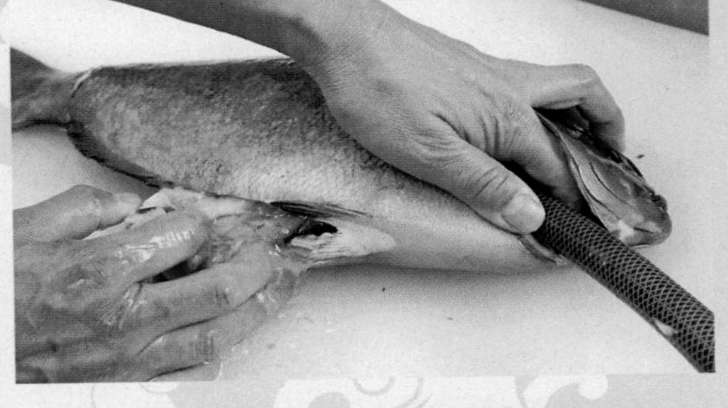

내장을 꺼내기 어려울 때는 수압으로 밀어낸다.

벵에돔은 가르는 배의 길이가 짧아 내장 제거 시 불편한 점이 있는데, 목쪽에서 호스를 넣고 수압으로 내장을 배쪽으로 밀어내면 수월하게 제거할 수 있다.

10 신장 처리

신장비늘제거기로 척추를 따라 붙어 있는 신장을 긁어서 제거한다. 목쪽에서 호스를 넣고 물을 보내면서 배 속을 신장비늘제거기로 긁으면 내장이나 신장의 찌꺼기를 말끔히 씻어낼 수 있다.

타이밍이 맞으면 그야말로 고급 어종!

광어

가자미목 넙치과
Bastard halibut

바닷속 모래에서 서식하며, 큰 개체는 1m가 넘는다. '왼쪽 광어, 오른쪽 도다리'라는 말처럼 광어는 왼쪽에 눈이 몰려 있다. 어식성이 강해 이빨이 날카롭고 입이 크다. 고급진 맛의 흰살은 숙성하면 더 기름지고 식감이 좋다.

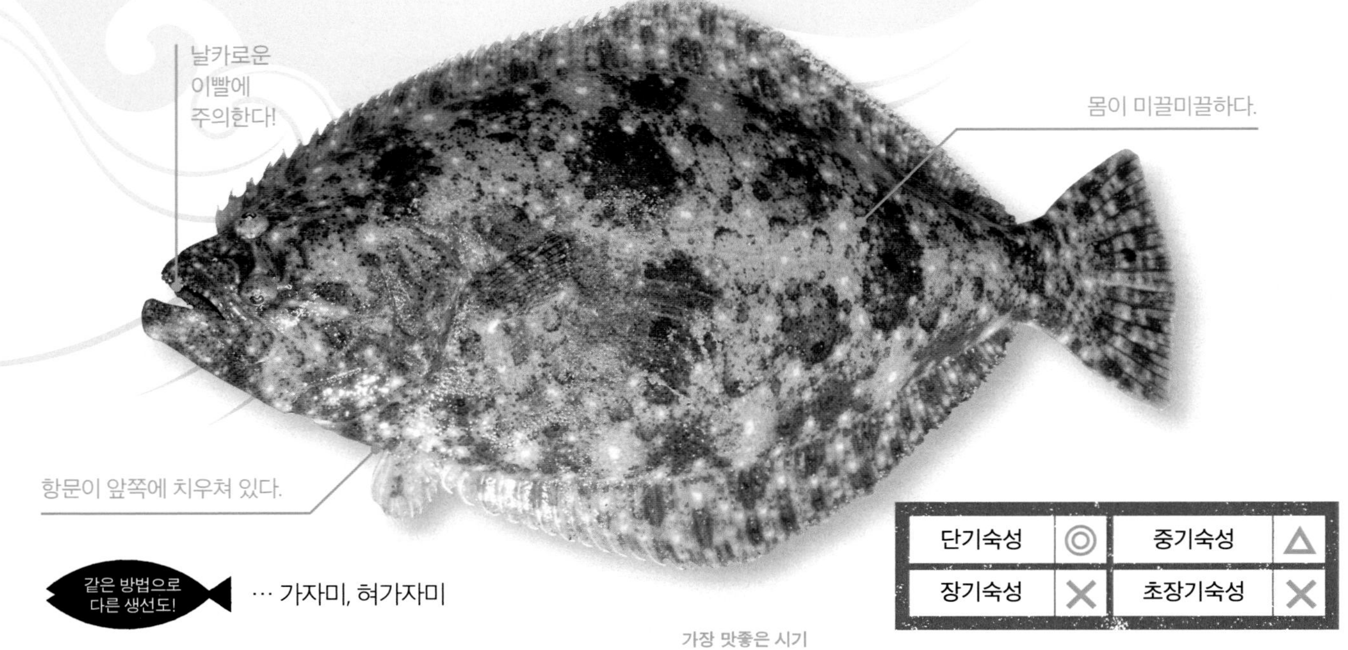

같은 방법으로 다른 생선도! … 가자미, 혀가자미

단기숙성	◎	중기숙성	△
장기숙성	×	초장기숙성	×

가장 맛좋은 시기

1월 2월 3월 4월 5월 6월 7월 8월 9월 10월 11월 12월

미야자키현에서는 3월이 산란기로 4 ~ 5월까지는 기름기가 적은 편이다. 산란 2개월 전인 11 ~ 12월이 기름지고 맛있는 시기다. 여름에는 해안으로 접근하지 않아 포획량이 적지만 의외로 맛이 좋다. 쓰키지시장에서 '광어는 3월이면 맛이 떨어진다'고 말하는데, 미야자키현에서도 같은 말을 할 수 있다.

전처리 요점

- 아가미의 흰 부분이 거칠고 날카로우므로 주의한다
- 내장은 호스의 수압을 이용하여 목쪽으로 꺼낸다
- 신장은 신장비늘제거기를 사용하여 목쪽으로 긁어낸다

1 뇌 찌르기

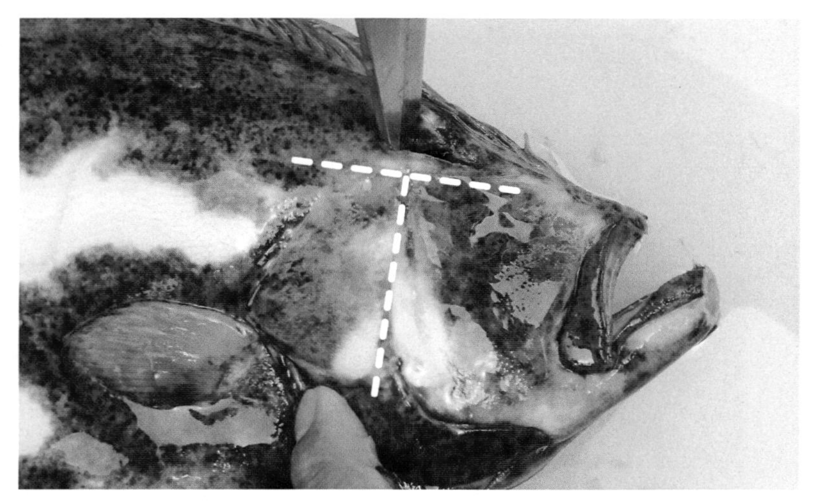

뒤집어놓은 상태에서 아감딱지의 T자 조금 위에서 칼끝을 등쪽으로 살짝 기울여 대각선 방향으로 찌른 후 비틀어 뇌사시킨다.

2 아가미막 자르기

아감딱지를 벌리고 아가미를 젖혀 아가미막을 노출시킨다. 척추에 칼날을 대고 가볍게 긋듯이 움직여 아래의 동맥을 자른다.

3 꼬리에 칼자국 내기

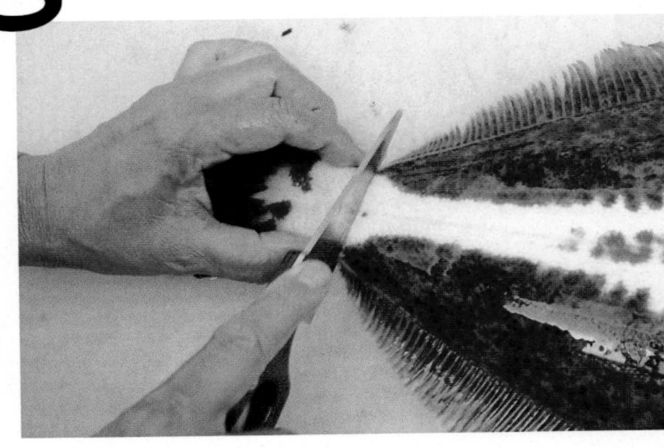

등지느러미와 뒷지느러미의 끝을 이은 부분에서 칼이 척추에 닿을 때까지 겁질과 살을 자른다. 그다음 칼턱을 척추에 대고 칼등을 두드려 척추를 자른다. 다음 작업의 편리를 위해 꼬리는 다 자르지 않고 붙여놓는다.

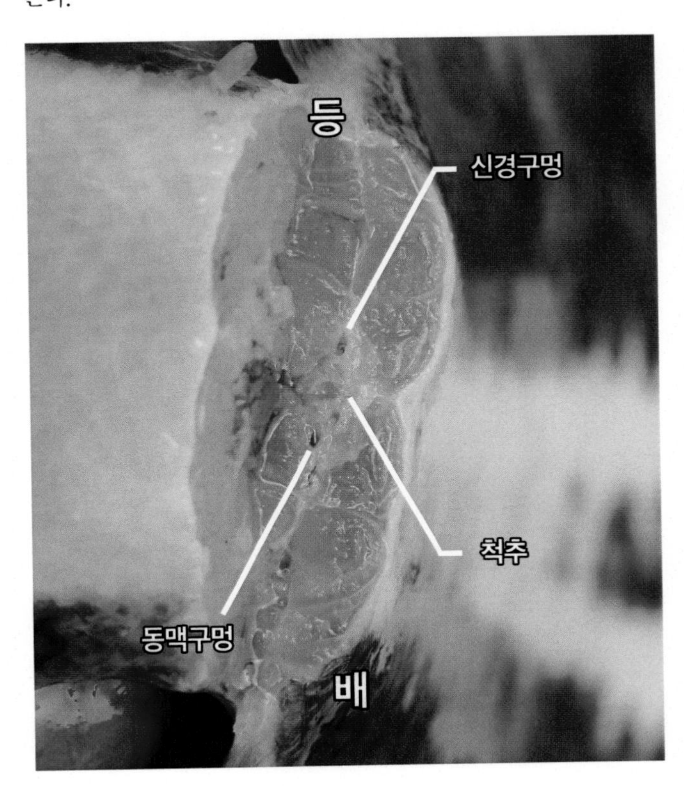

4 신경구멍에 노즐 넣기

꼬리 절단면의 신경구멍에 맞는 구경의 노즐을 꽂고 물을 주입한다. 물이 잘 통하면 뇌 찌르기에서 생긴 구멍으로 하얀 실 형태의 신경이 밀려 나온다. 활어의 경우 신케지메의 효과를 볼 수 있다. 신경이 나오지 않아도 효과 면에서 별 차이가 없으나, 가급적 제거하는 편이 낫다.

5 동맥구멍에 노즐 넣기

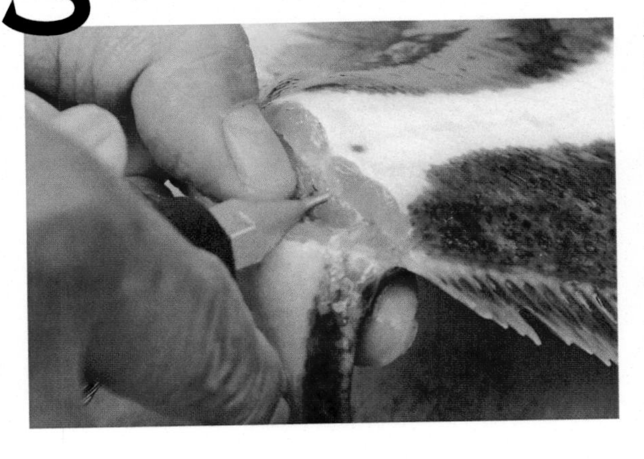

꼬리 절단면의 동맥구멍에 맞는 구경의 노즐을 꽂고 물을 보낸다. 동맥을 거친 물이 아가미막 자르기에서 드러난 동맥구멍으로 나오게 되는데, 나오지 않는다고 해도 별 문제는 없다. 무엇보다 꼬리 부분의 모세혈관에 물이 들어가게 하는 것이 중요하다.

물이 들어가면 몸의 힘줄이 두드러져 보인다. 팽팽해져서 단단해지면 물 주입을 멈춘다.

6 궁극의 피빼기

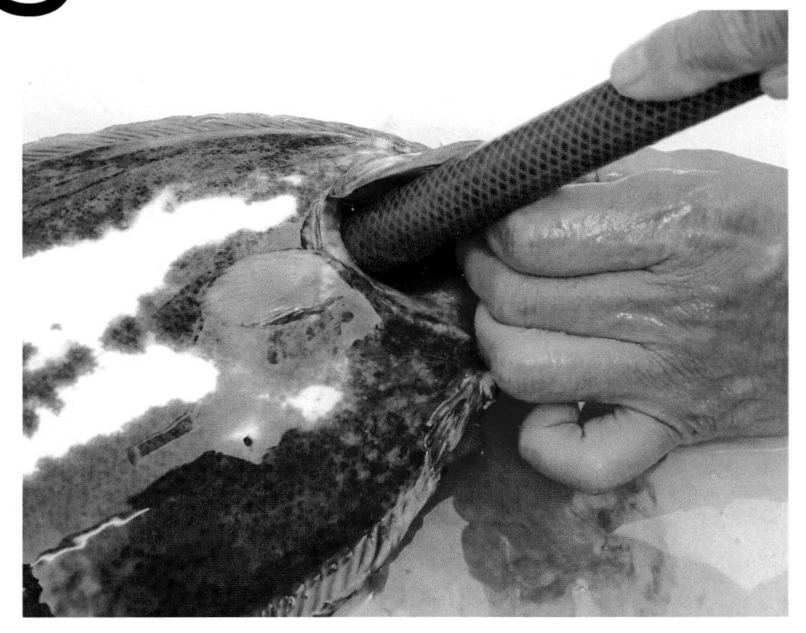

아감딱지를 벌리고 아가미를 젖힌 다음 아가미막 구멍에 호스를 넣어 그 안의 동맥 절단부에 댄다.

꼬리쪽으로 수압이 가해지도록 호스의 각도와 위치를 조정하고 호스와 아가미 전체를 손으로 덮어주듯이 잡으며 물을 주입한다. 동맥의 피가 꼬리 절단면 쪽으로 나오게 하면서 곳곳의 모세혈관으로 물을 보낸다. 생선의 몸이 부풀어 팽팽해지면 멈춘다.

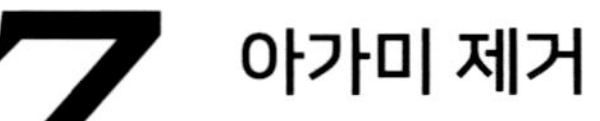

7 아가미 제거

기본 차트(p.20)에서 소개한 순서와 거의 동일하다. 광어는 겁질이 미끄러우므로 손가락을 걸 수 있는 곳(아가미 등)을 잡고 작업한다(날카로운 이빨을 조심한다). 아가미의 흰 부분(새파)이 길쭉하고 날카로우므로 주의한다.

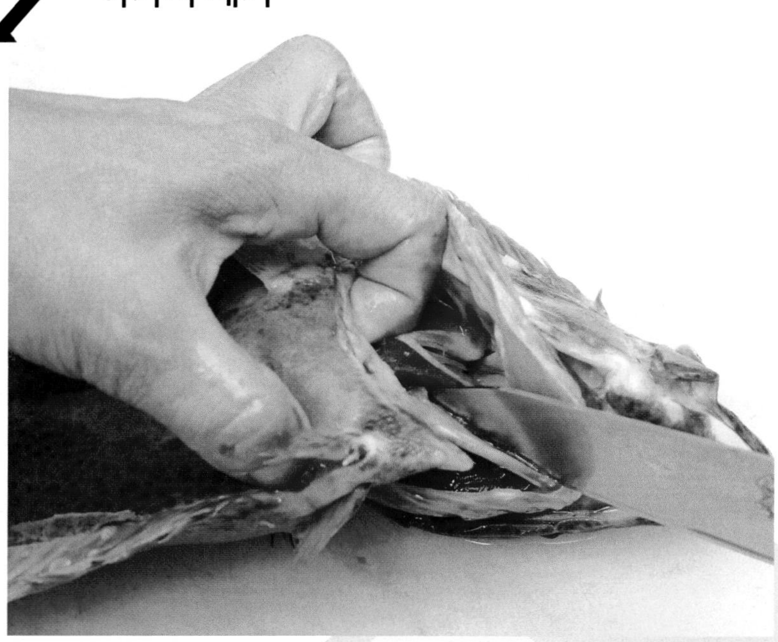

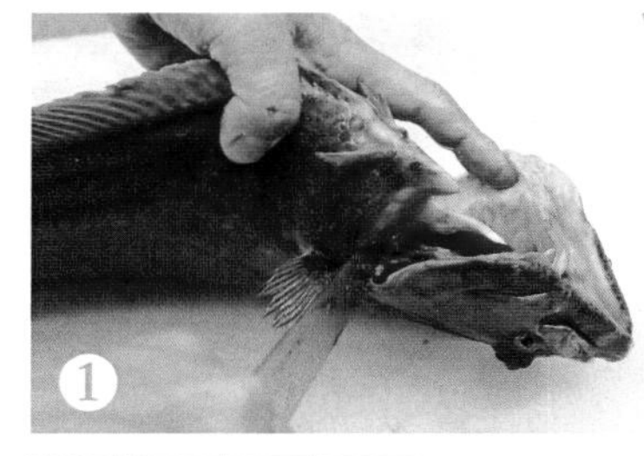

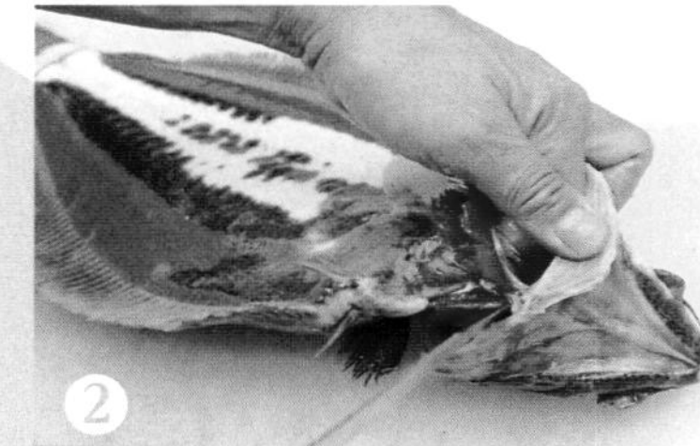

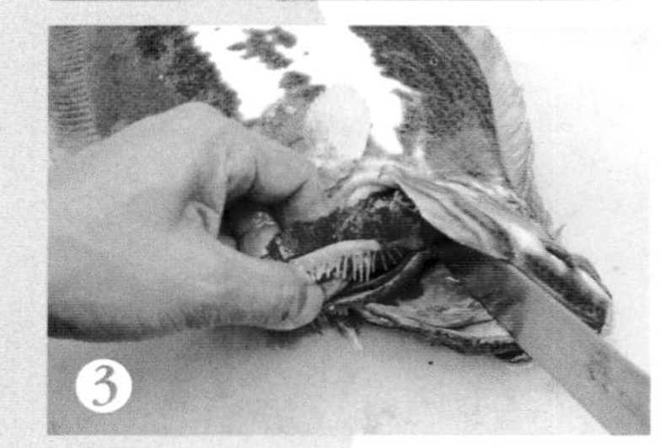

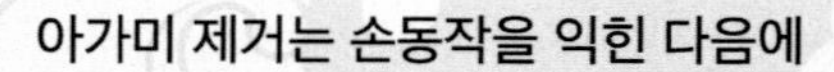

아가미 제거는 손동작을 익힌 다음에

숙달되지 않으면 아가미 제거에 시간이 걸릴뿐더러 날카로운 이빨이나 새파에 손가락을 다칠 수 있다. 광어처럼 점액질이 많은 생선은 특별히 잡는 요령이 필요하다.

8 배 가르기

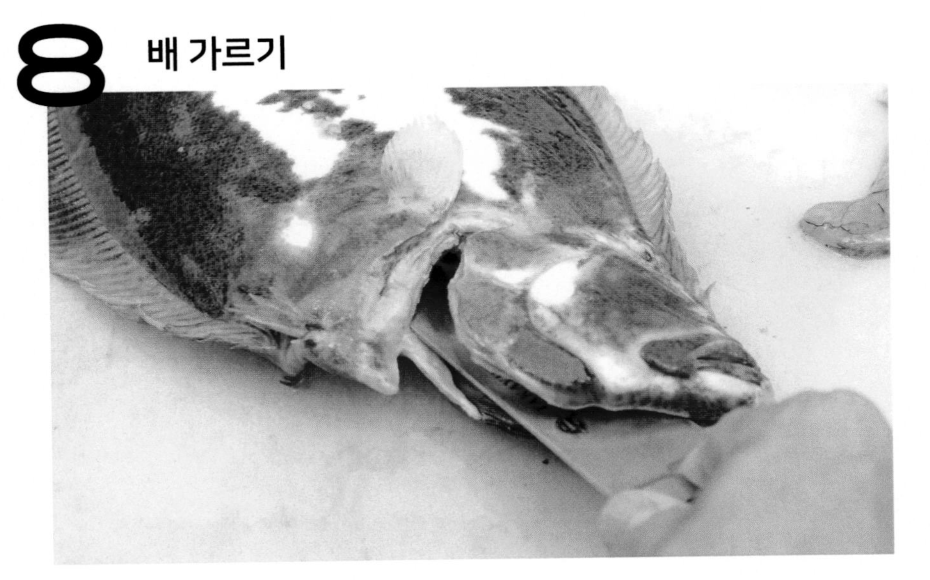

칼끝으로 심장이 들어 있는 쪽의 막을 한 번 베고, 등쪽(사진에서는 오른쪽)을 향해 있는 칼날로 막을 자른다.

9 내장 처리

항문이 머리 가까이 있으므로 배 가르기를 하지 않고 호스로 목쪽에서 물을 보내 수압으로 내장을 밀어내서 꺼낸다.

10 신장 처리

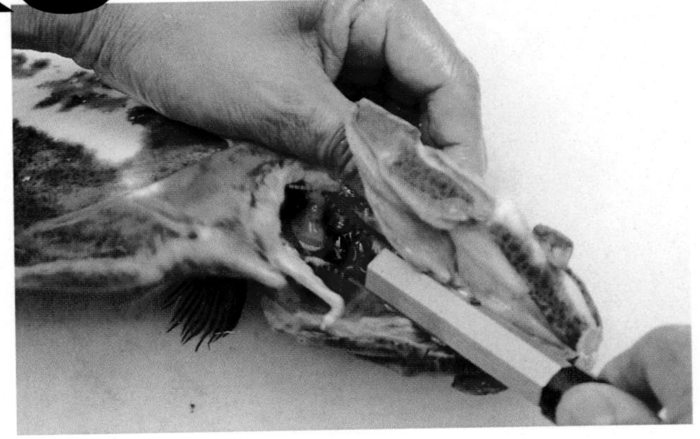

신장비늘제거기를 목쪽으로 넣고, 척추 아래에 위치한 신장을 긁어낸다.

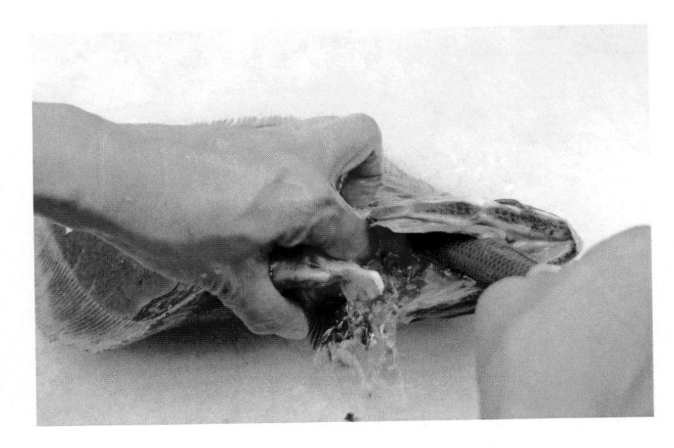

물을 뿌려 호스 입구로 긁으면서 신장과 내장의 찌꺼기를 씻어낸다.

숙성에 최적화되다

양태

쏨뱅이목 양태과
Flathead

광어와 마찬가지로 모래에서 서식하는데, 강과 가까운 지역을 좋아한다. 50㎝ 전후의 크기가 대부분이지만, 70㎝가 넘는 양태도 있다. 큰 개체는 모두 암컷이다. 성전환하는 어종으로 알려져 있지만, 최근 연구에서 수컷은 본래 크지 않다는 사실이 밝혀졌다.

전처리 요점

- 생선 취급 시 위험 부위에 주의한다!
- 목에 호스를 대고 수압으로 내장을 배쪽으로 밀어낸다

등지느러미에 날카로운 가시가 있다.

몸 전체에 점액질이 있다.

아감딱지에 날카로운 가시가 있다.

단기숙성	◎	중기숙성	◎
장기숙성	○	초장기숙성	△

같은 방법으로 다른 생선도! … 없음

가장 맛좋은 시기 1월 2월 3월 4월 5월 6월 7월 8월 9월 10월 11월 12월

크기가 큰 암컷은 거의 1년 내내 알을 지니고 있다. 이 때문에 맛좋은 시기를 판별하기가 어렵지만, 미야자키현에서는 여름에 더 많은 알을 품는 경향을 보인다. '여름이 제철'이라고 하나, 기름진 시기는 겨울이다. 시기적 특성을 감안하되 계절별로 통통한 개체를 찾는 것이 중요하다.

1 뇌 찌르기

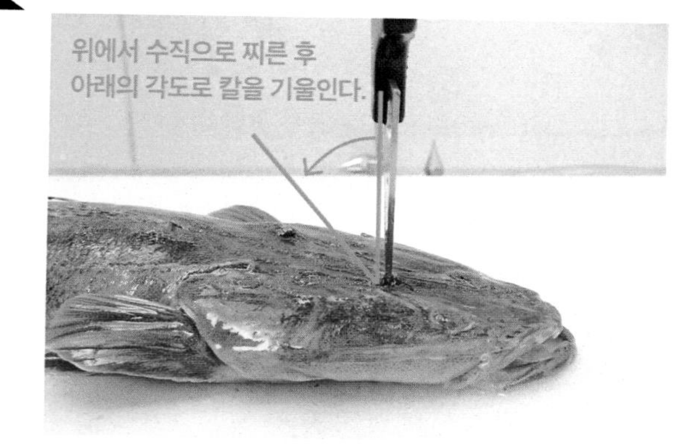

머리에서 4개의 힘줄이 모여 있는 부분의 중앙에 칼을 수직으로 찌른 후 기울인다.

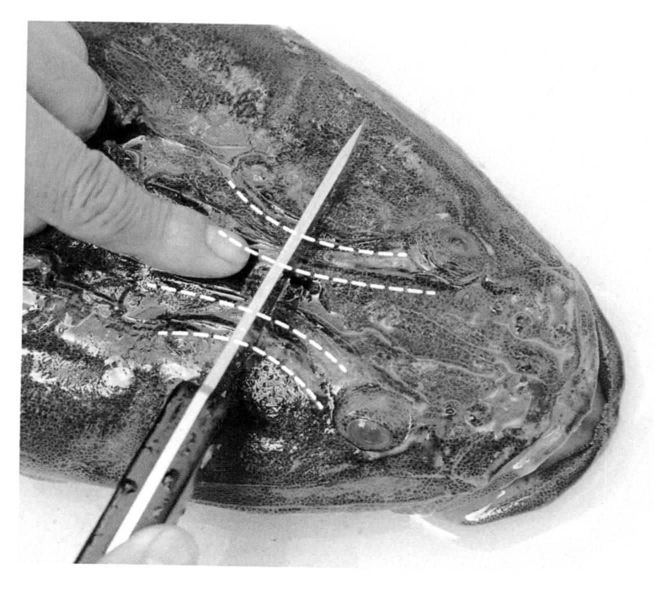

힘줄이 모여 있는 부분의 중앙에 뇌가 있다.

2 아가미막 자르기

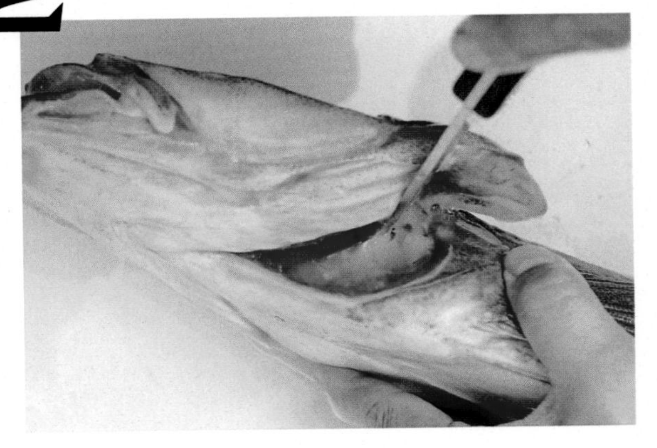

아감딱지와 등지느러미의 가시를 조심하면서 양태를 잡고 옆으로 세워서 아가미를 피해 칼로 아가미막을 자르고, 척추에 칼날을 대고 가볍게 긋듯이 움직여 아래의 동맥을 절단한다.

3 꼬리에 칼자국 내기

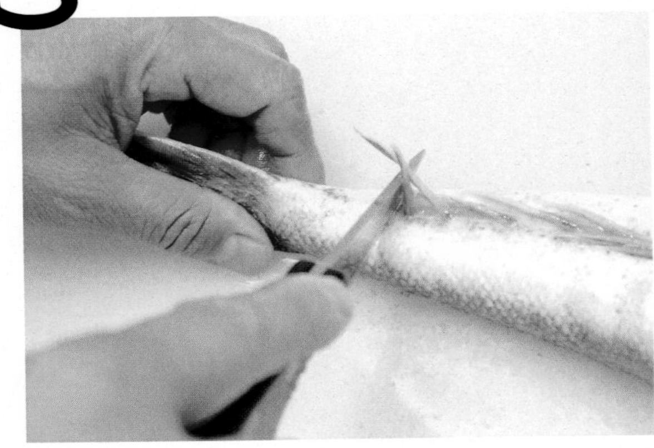

배지느러미 끝쪽에 칼을 대어 척추에 닿을 때까지 자르고 칼등을 두드려 척추를 절단한다.

등
신경구멍
척추
동맥구멍
배

4 신경구멍에 노즐 넣기

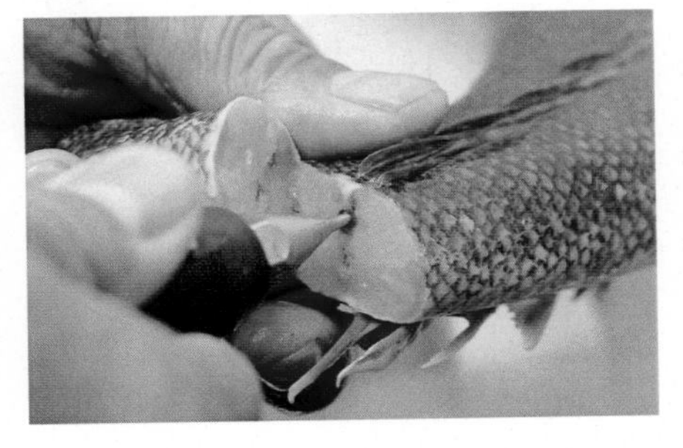

척추의 등쪽에 있는 신경구멍에 노즐을 꽂고 물을 주입한다. 이렇게 하면 신케지메와 같은 효과를 볼 수 있다. 활어가 아니면 이 작업을 생략해도 되지만, 가급적 하는 것이 좋다. 물이 잘 통하면 뇌 찌르기에서 낸 구멍으로 하얀 실 모양의 신경이 나온다.

5 동맥구멍에 노즐 넣기

동맥구멍의 크기에 맞는 구경의 노즐을 이용하여 물을 주입한다. 물이 잘 통하면 아가미막 자르기에서 절단한 동맥 부분에서 피가 섞인 물이 나온다. 가장 중요한 것은 꼬리 부분의 모세혈관까지 물을 보내는 것이다.

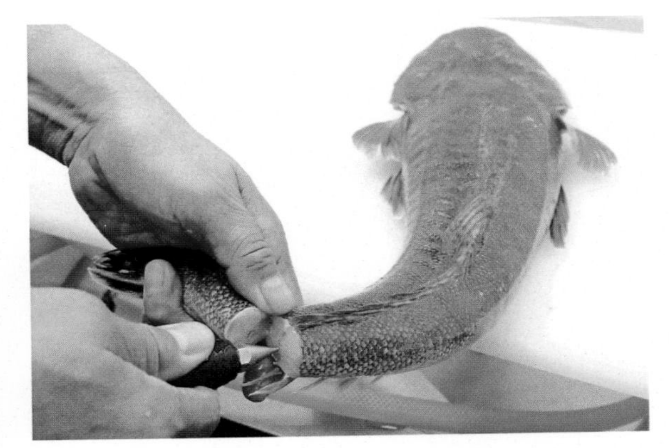

모세혈관에 물이 닿으면 꼬리 부위가 팽창하는데, 터지지 않도록 주의한다. 꼬리를 전부 자르지 않고 껍질을 남겨놓으면 이후의 작업에 도움이 된다.

6 궁극의 피빼기

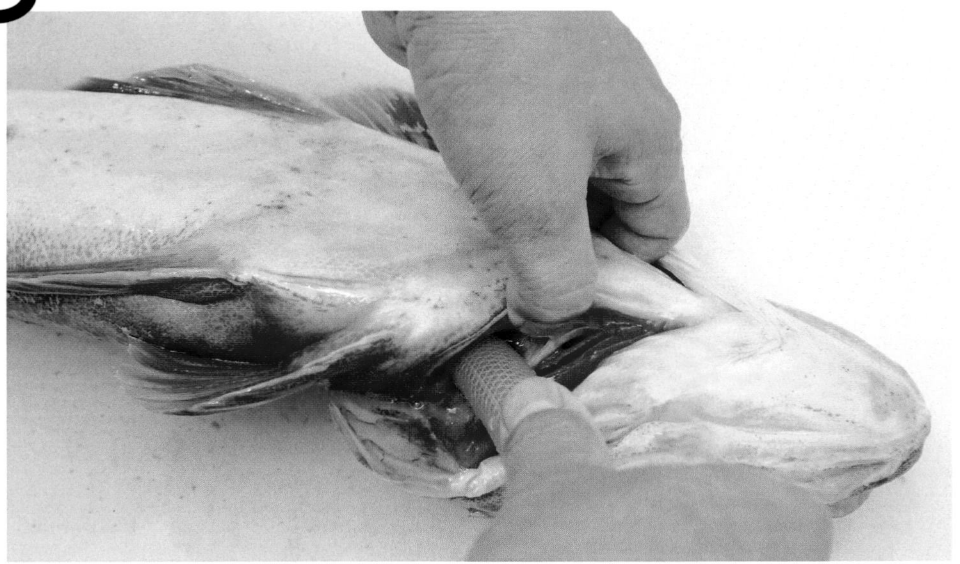

생선을 눕히고 아가미를 벌린 후 아가미 막 자르기에서 생긴 동맥 절단부에 호스를 댄다. 척추에 호스를 대고, 꼬리쪽으로 수압이 걸리도록 호스를 고정시킨 후 물을 주입한다.

수압이 분산되지 않도록 아가미를 덮어주듯 잡고 혈관에 물을 보낸다. 몸이 팽팽해지면 멈춘다.

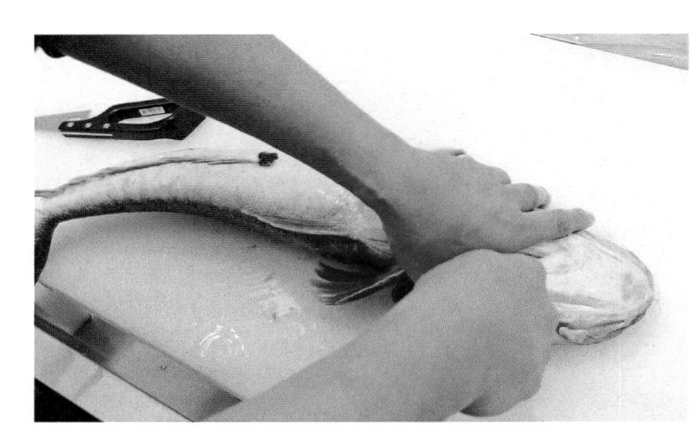

7 아가미 제거

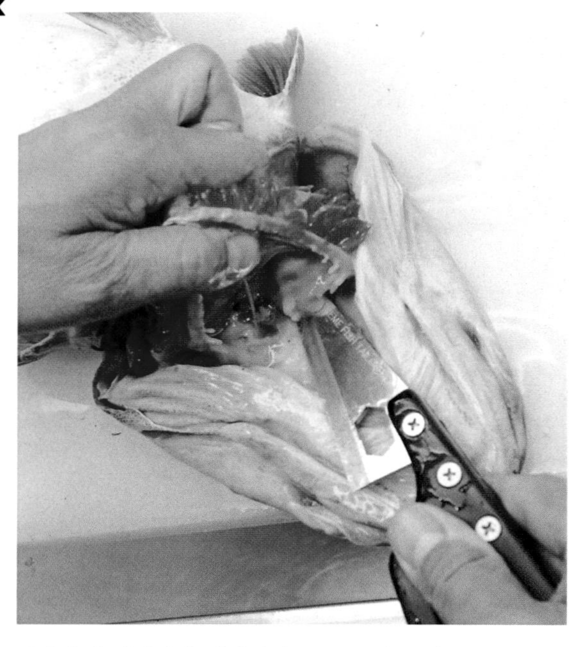

납작하게 생겼지만 아가미의 구조는 기본 차트(p. 20)에서 소개한 방어와 거의 같다. 등쪽에 달린 아가미를 잘라낼 때 힘을 주어야 하는데, 칼을 등과 나란하게 기울이는 것이 요령이다. 아가미를 제거한 다음 칼끝으로 심장이 들어 있는 쪽의 막을 한 번 베고, 등쪽을 향해 있는 칼로 막을 자른다.

8 배 가르기

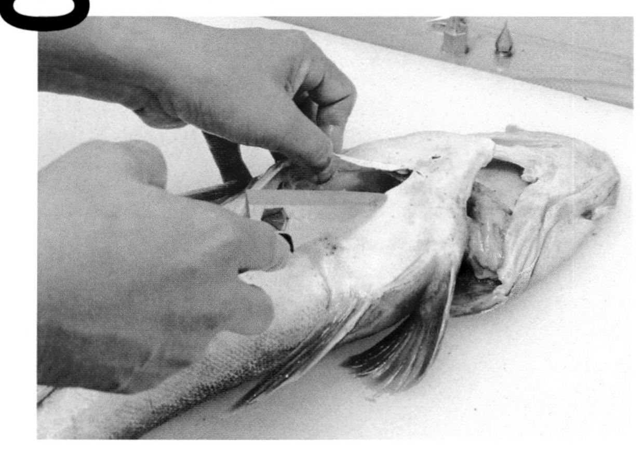

항문에 칼끝을 넣고 목쪽으로 배를 가른다. 목쪽에 살이 거의 없으므로 길게 갈라도 괜찮다.

9 내장 처리

가른 배에서 내장을 한꺼번에 꺼낸다. 복부가 커서 꺼내기가 쉽다. 광어나 양태 같은 피시이터들은 위액이 강해 살에 손상을 주는 경우가 있으므로 가능하면 현장에서 호스 등으로 위를 청소해 두는 것이 좋다.

10 신장 처리

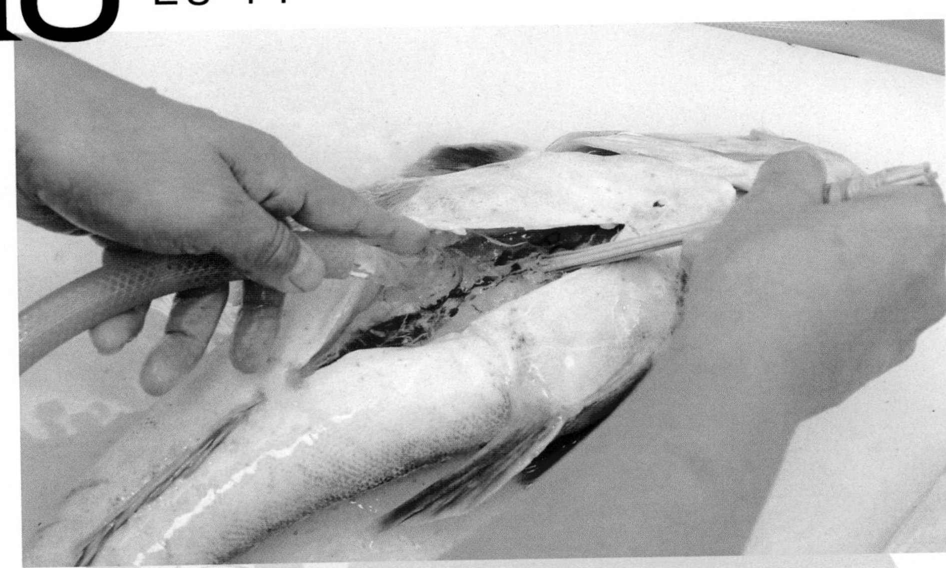

샤카샤카봉이나 대나무꼬챙이를 묶은 도구 등을 사용하여 등뼈 사이에 남아 있는 신장을 깨끗이 제거하고 물로 씻어낸다.

ONE POINT LESSON

척추가 매우 두텁다

양태는 척추가 매우 두터워서 힘줄 사이에 끼어 있는 신장을 제거하기에 어려움이 따른다. 샤카샤카봉 같은 전용 도구를 이용하여 물을 뿌려가며 꼼꼼히 제거한다.

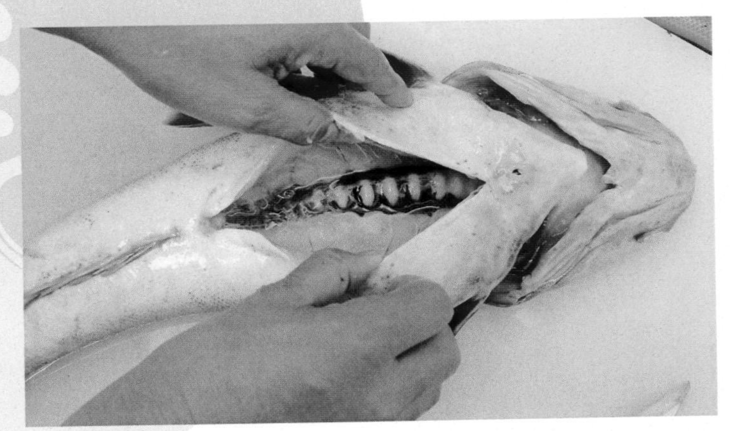

쫄깃한 흰살의 식감이여!

바리과

(사진은 갈색둥근바리)

농어목 바리과
Grouper

능성어, 홍바리, 대문바리, 갈색둥근바리 등의 총칭. 본래 남쪽에 서식하는 생선인데 지구온난화의 영향으로 서식지를 동북쪽으로 넓히고 있다. 전처리 후에 바로 먹으면 단단한 살의 식감이 쫄깃하다. 숙성 후에 더 좋아지는 생선이다.

전처리 요점

- 뇌 찌르기를 할 때 각도가 맞지 않으면 칼이 잘 들어가지 않는다
- 척추와 아가미의 연골이 딱딱해서 힘이 요구된다
- 척추에 남은 신장을 깨끗이 제거한다

같은 방법으로 다른 생선도! … 바리류, 능성어, 볼락류

단기숙성	○	중기숙성	◎
장기숙성	○	초장기숙성	△

가장 맛좋은 시기

1월	2월	3월	4월	5월	6월	7월	8월	9월	10월	11월	12월

미야자키현에서는 여름에 맛이 좋다. 6월부터 기름기가 상승하여 7 ~ 8월에 정점을 찍는다. 특히 대문바리는 장마철부터 맛이 좋아지는 경향이 있다. 산란기는 초가을로, 알을 밴 개체가 증가한다. 그런데 알을 배고 있어도 기름기가 풍부한 경우도 있다. 비쩍 마른 경우를 빼곤 1년 내내 좋은 생선이다.

1 뇌 찌르기

아감딱지의 연장선과 눈과 코를 잇는 연장선이 만나는 지점을 칼끝으로 찌르고 비튼다. 뇌사시키는 작업이다. 칼로 찌르는 각도는 수직 방향에서 등쪽으로 40도 정도 기울여 대각선 방향으로 찌른다. 각도가 잘못되면 딱딱한 두개골에 부딪혀 찌르기가 어렵다.

2 아가미막 자르기

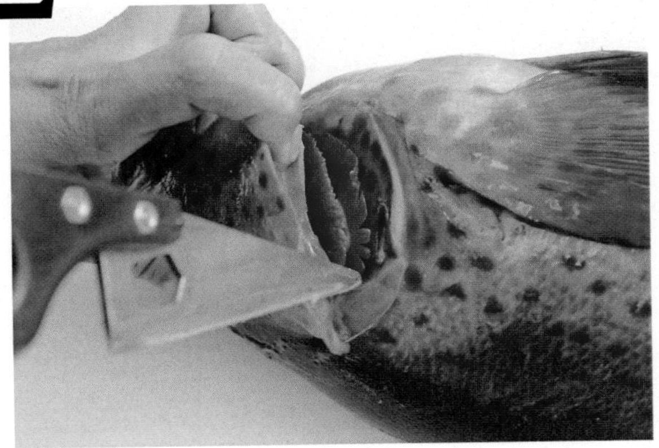

아감딱지를 벌리고 아가미를 젖혀서 아가미막을 노출시킨다. 척추에 칼날을 대고 가볍게 긋듯이 움직여 아래의 동맥을 자른다.

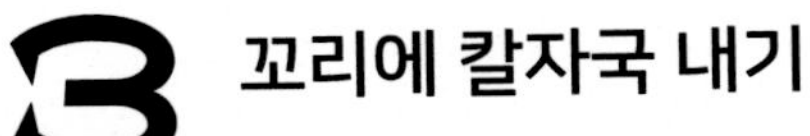

3 꼬리에 칼자국 내기

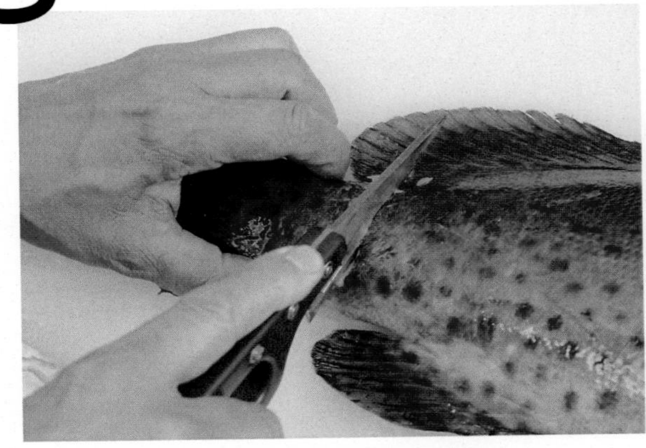

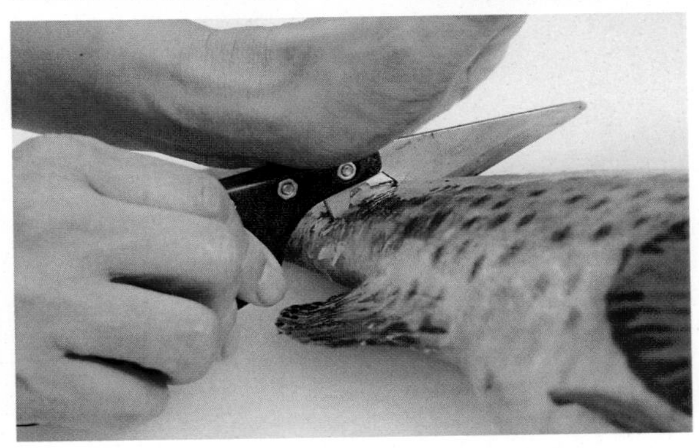

등지느러미의 끝부분에 수직으로 칼집을 낸다. 칼이 척추에 닿으면 칼턱을 척추에 대고 칼등을 두드려 척추를 자른다. 큰 바리류는 척추가 두텁고 딱딱하므로 힘을 주어 작업해야 한다. 꼬리는 전부 잘라내지 않는다. 반대편 껍질을 남겨놓으면 이후의 작업이 용이해진다.

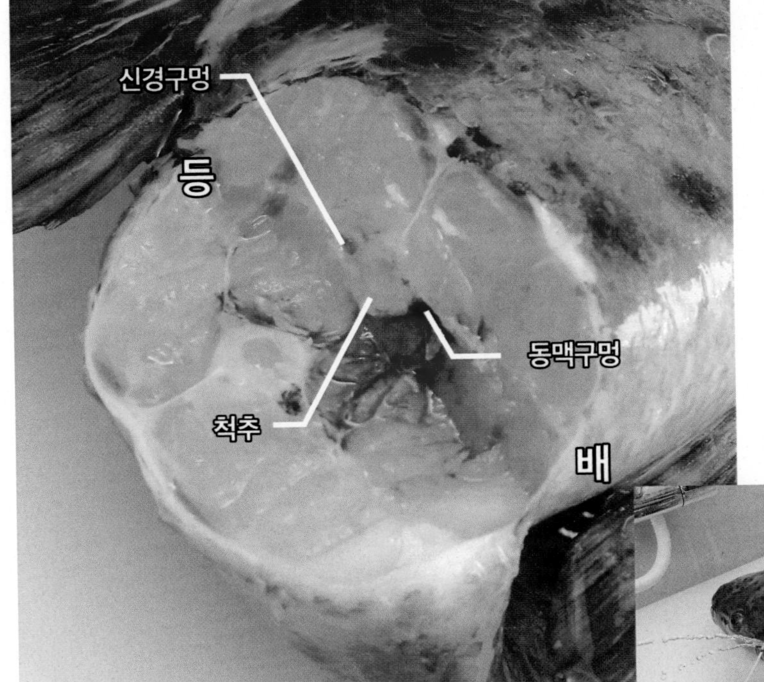

물이 잘 통하면 하얀 실 모양의 신경이 뇌 찌르기에서 생긴 구멍으로 나온다. 신경이 나오지 않아도 신케지메의 효과는 있는 것이다.

4 신경구멍에 노즐 넣기

신경구멍에 맞는 크기의 노즐을 수직으로 꽂고 물을 주입한다. 활어의 경우 이 작업으로 신케지메의 효과도 거둘 수 있다.

5 동맥구멍에 노즐 넣기

동맥구멍에 맞는 구경의 노즐을 꽂고 물을 주입한다. 동맥과 모세혈관에 물이 들어가면서 아래 부분이 팽창하는데, 어느 정도 단단해지면 멈춘다.

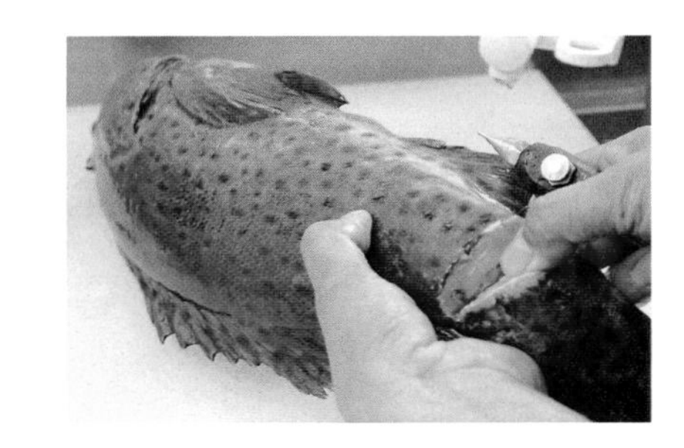

생선의 아래 부분을 손으로 만졌을 때 단단히 팽창되어 있으면 성공이다.

6 궁극의 피빼기

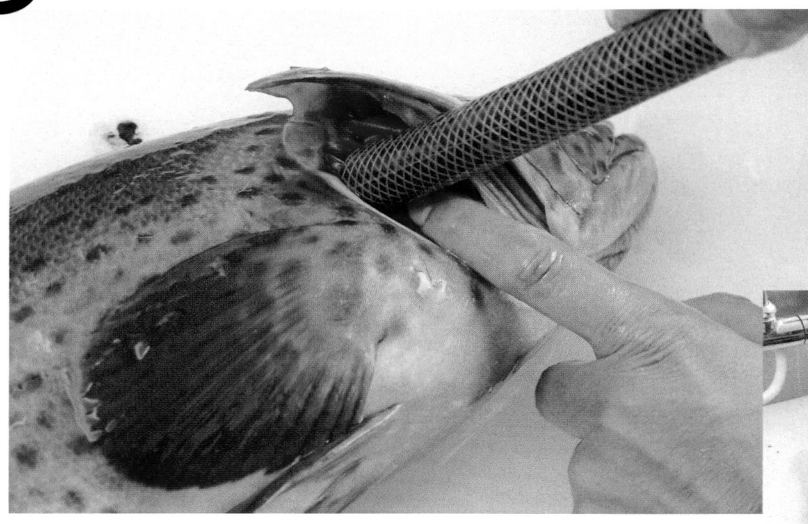

아감딱지를 벌리고 아가미막 자르기에서 생긴 구멍을 확인한 다음 호스를 댄다. 정확히 댔는지 살핀 후 꼬리쪽 동맥에 수압이 걸리도록 호스의 각도를 조절하고, 손으로 아가미와 호스를 덮어주듯 잡고 물을 넣는다. 동맥의 피를 씻어내면서 모세혈관에 물이 닿을 때까지 계속한다. 몸이 부풀어 단단해질 때까지 주입한다.

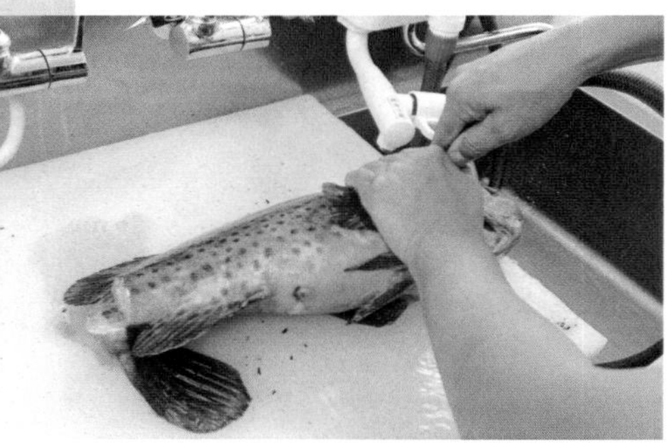

노즐을 정확히 대고 꼬리쪽에 수압이 걸리도록 각도를 맞춘 후 손으로 생선과 호스를 감싼다. 호스를 약간 등쪽으로 향하게 하는 것이 포인트.

7 아가미 제거

기본 차트(p.20)에서 소개한 방어와 같은 순서로 아가미를 제거한다. 바리류는 아가미의 위아래가 맞닿는 부분이 단단하고 하얀 부분의 가시(새파)가 날카로우므로 주의해야 한다.

8 배 가르기

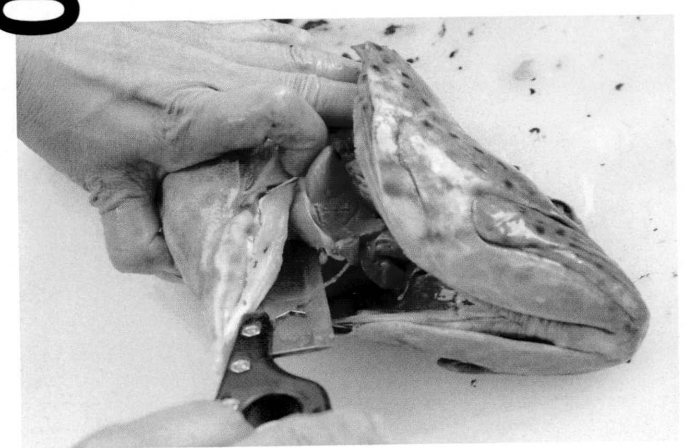

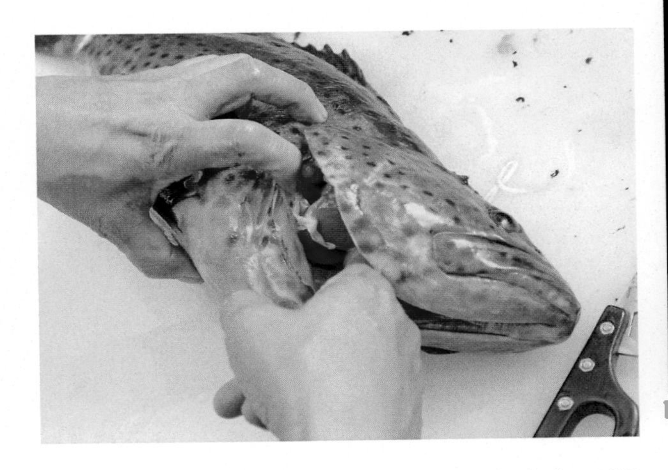

심장이 들어 있는 막을 칼끝으로 한 번 베고, 등쪽을 향해 있는 칼날로 위쪽의 막을 자른다. 그다음 목쪽의 막을 주변을 따라 잘라내고 내장을 꺼낸다.

칼로 항문을 찌르고 그대로 배지느러미까지 배를 가른다.

9 내장 처리

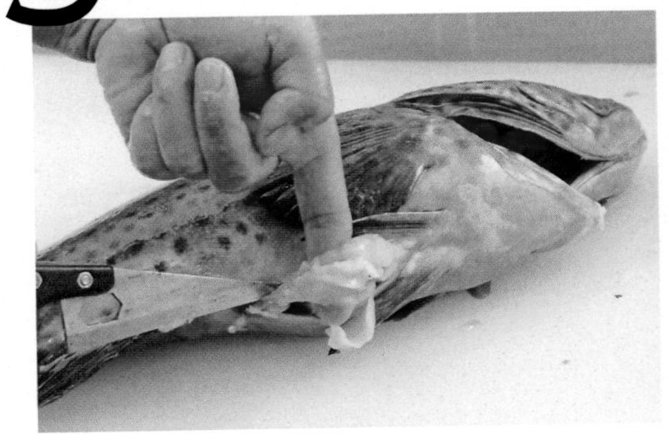

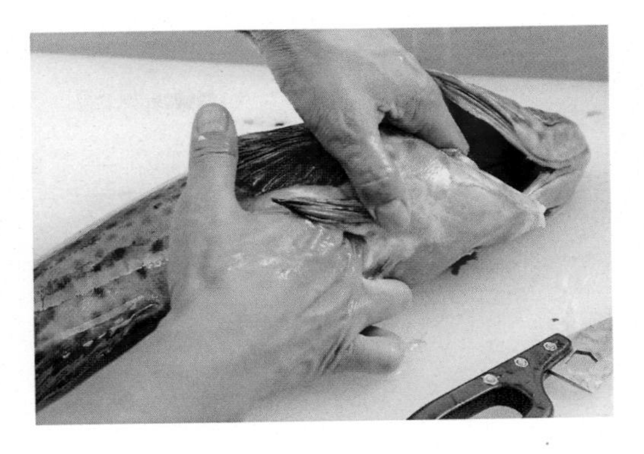

손으로 내장을 잡아 꺼낸 다음 항문쪽의 연결 부분을 칼로 자른다. 목쪽에서 배쪽으로 내장을 밀어내서 꺼낸다.

10 신장 처리

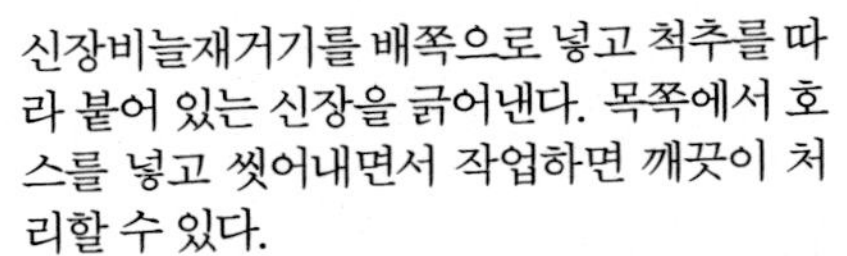

신장비늘재거기를 배쪽으로 넣고 척추를 따라 붙어 있는 신장을 긁어낸다. 목쪽에서 호스를 넣고 씻어내면서 작업하면 깨끗이 처리할 수 있다.
큰 생선은 척추의 돌출 부위에 신장 찌꺼기가 남아 있기 쉬우므로 샤카샤카봉 등으로 제거한 다음 곧바로 배 속을 세척한다.

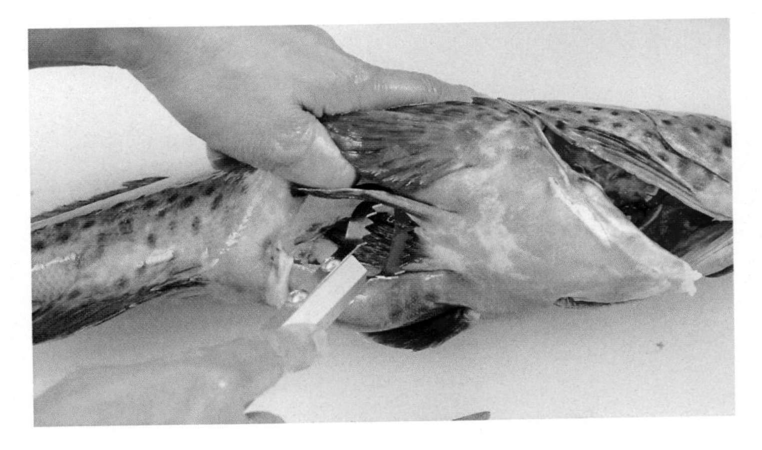

회로 먹어도, 구워 먹어도 맛있다

벤자리

농어목 벤자리과

Chicken grunt

난바다 낚시에서 인기가 많은 어종이다. '대장장이 킬러'라는 별명에서도 알 수 있듯이 뼈가 매우 딱딱하며, 등지느러미의 가시도 날카롭다. 자연산은 품질이 일정하지 않아 양식어에 대한 수요가 많은 편이다.

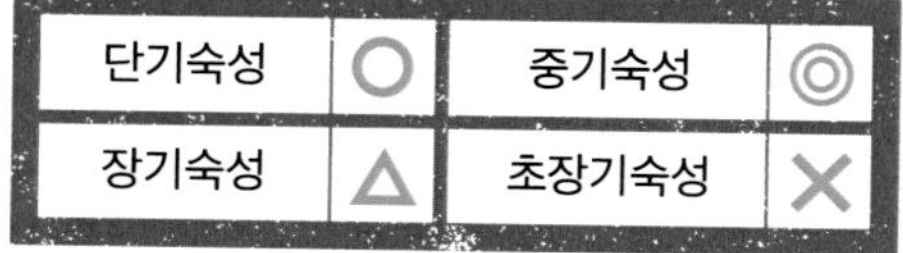

단기숙성	○	중기숙성	◎
장기숙성	△	초장기숙성	×

전처리 요점

- 두개골이 딱딱하므로 뇌 찌르기를 할 때 칼을 대각선 방향으로 잡는다
- 내장은 호스의 수압으로 목쪽에서 배쪽으로 밀어내서 제거한다
- 신장은 전용 신장비늘제거기를 이용하여 제거한다

가장 맛좋은 시기

1월	2월	3월	4월	5월	6월	7월	8월	9월	10월	11월	12월

4 ~ 5월이 가장 맛있는 시기다. 도요스시장에서는 6월이 맛있다고 하는데, 미야자키현에서는 그 시기에 산란이 시작되어 기름기가 확 줄어든다. 벤자리는 산란 후에 꽤 오랜 기간 마른 상태로 있는 경우가 많아 회복에 어려움을 겪는 생선이라고 할 수 있다. 그에 비해 양식어들은 산란기를 제외하곤 연중 기름지고 맛있다.

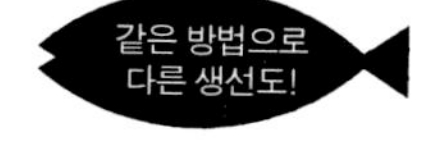

… 넙치농어, 점농어

1 뇌 찌르기

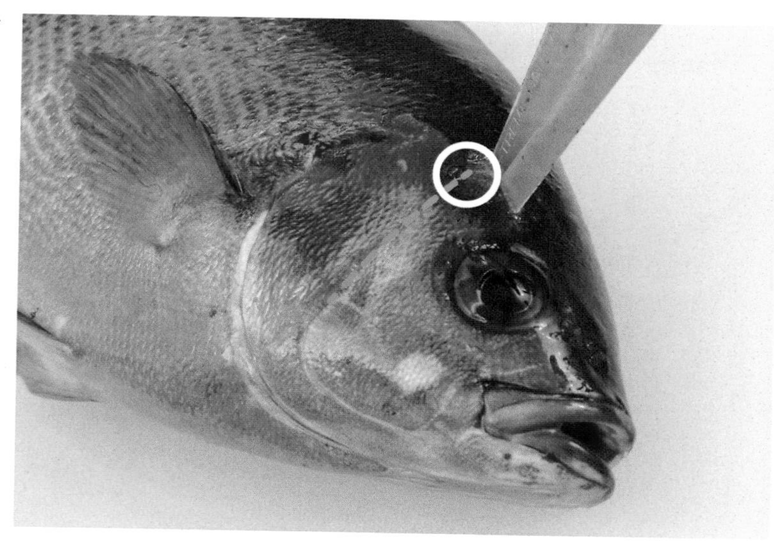

칼끝으로 아감딱지의 연장선상에 있는 관자놀이를 대각선 방향으로 찌르고 비틀어서 뇌사시킨다.

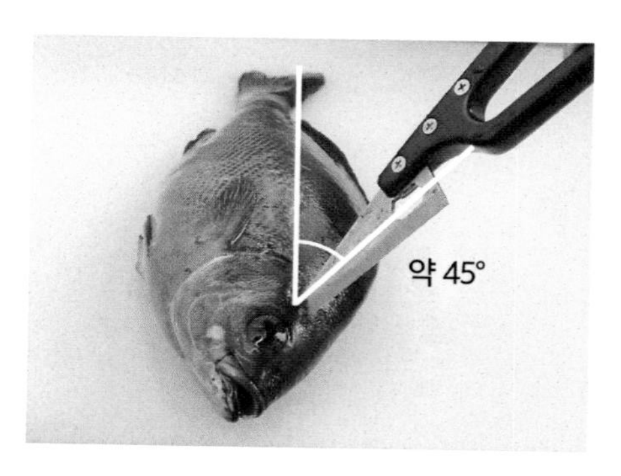

찌르는 각도가 중요하다. 등쪽으로 45도 정도 기울이는 것이 포인트.

2 아가미막 자르기

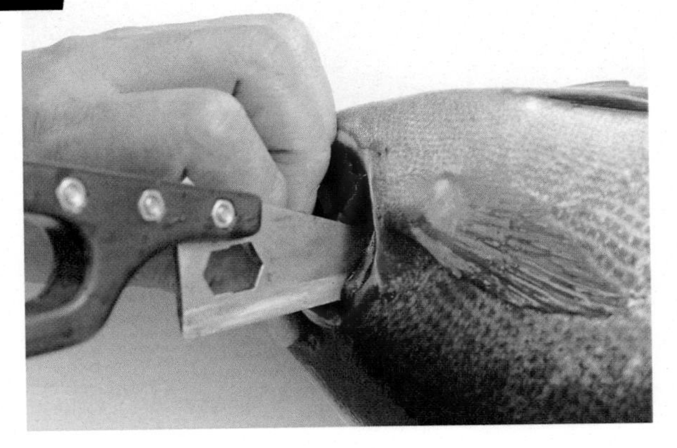

아감딱지를 벌리고 아가미를 젖혀서 아가미막을 노출시킨다. 척추에 칼날을 대고 가볍게 긋듯이 움직여 아래의 동맥을 자른다.

3 꼬리에 칼자국 내기

등지느러미의 끝부분을 자른다. 칼이 척추에 닿으면 칼턱을 대고 칼등을 두드려 척추를 자른다. 반대편 껍질은 다음 작업을 위해 자르지 않고 놔둔다.

등
신경구멍
동맥구멍
척추
배

4 신경구멍에 노즐 넣기

신경구멍에 맞는 구경의 노즐을 꽂고 물을 주입하여 신경을 제거한다.

뇌 찌르기에서 생긴 구멍으로 하얀 실 모양의 신경이 밀려나오면 성공이다. 이를 통해 신케지메의 효과를 볼 수 있다. 신경이 나오지 않아도 물이 통하면 문제없다. 활어가 아닌 선어의 경우에는 신케지메의 효과가 없지만 신경이 부패의 요인이 되므로 제거하는 것이 좋다.

5 동맥구멍에 노즐 넣기

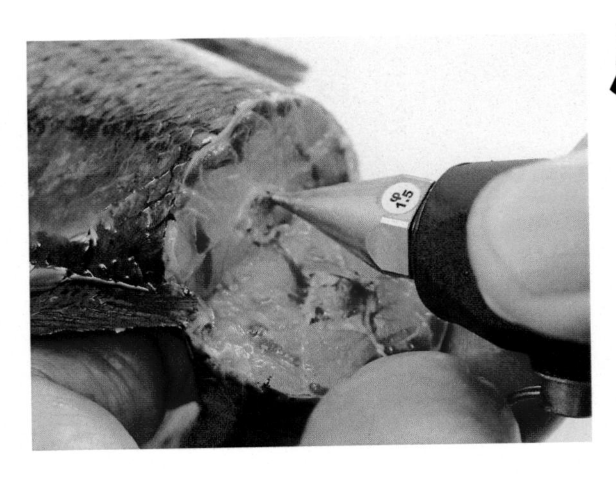

동맥구멍에 맞는 구경의 노즐을 꽂고 물을 주입한다. 물이 잘 통해 꼬리 주변의 혈관에까지 닿으면 몸이 팽팽해지고 단단해진다. 그러면 물 주입을 멈춘다.

6 궁극의 피빼기

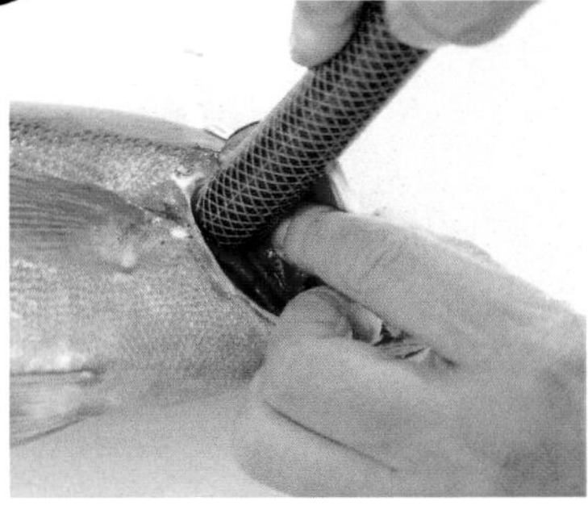

아감딱지를 벌리고 아가미를 젖혀서 동맥 절단부에 호스를 댄다.

꼬리쪽으로 수압이 가해지도록 호스의 각도를 맞추고, 손으로 덮어주듯 아가미 부분과 호스를 함께 잡고 물을 주입한다. 그러면 동맥을 따라 물이 꼬리의 절단면으로 나온다. 중요한 점은 동맥을 거쳐 모세혈관까지 물을 보내는 것이다.

혈관 구석구석에 물이 닿으면 몸이 팽팽해지는데, 살에 물이 배는 것은 아니다.

7 아가미 제거

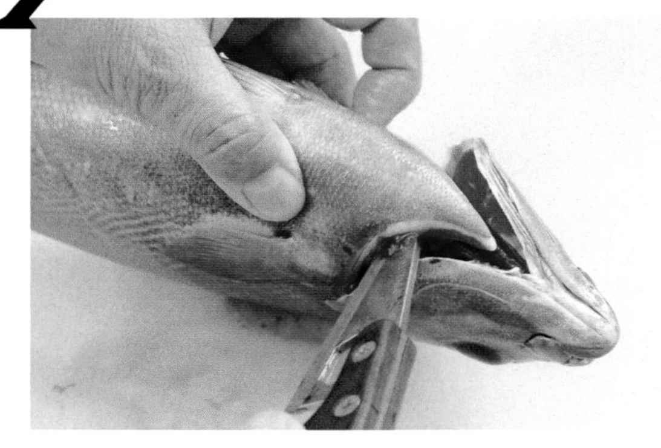

기본 차트(p.20)에서 소개한 방어와 거의 같은 순서로 아가미를 제거한다. 작업할 때 날카로운 등지느러미와 배지느러미의 가시에 손이 찔리지 않게 조심한다.

8 배 가르기

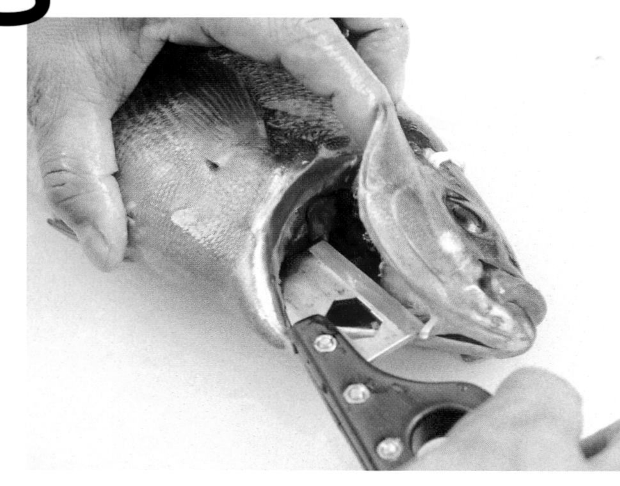

칼끝으로 심장이 들어 있는 쪽의 막을 한 번 베고, 등쪽을 향해 있는 칼날로 막을 자른다.

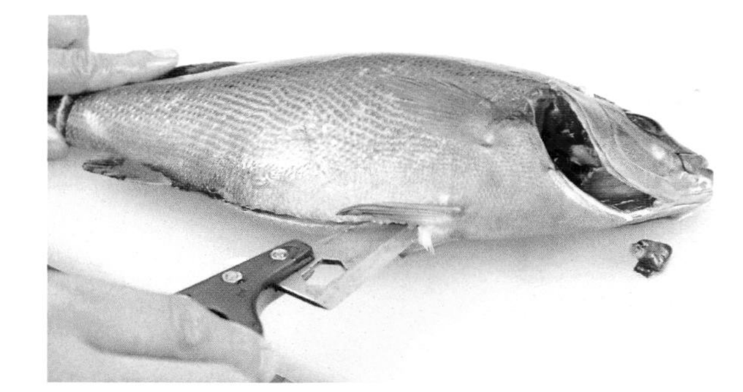

그다음 칼로 항문을 찌르고 배지느러미까지 배를 가른다.

9 내장 처리

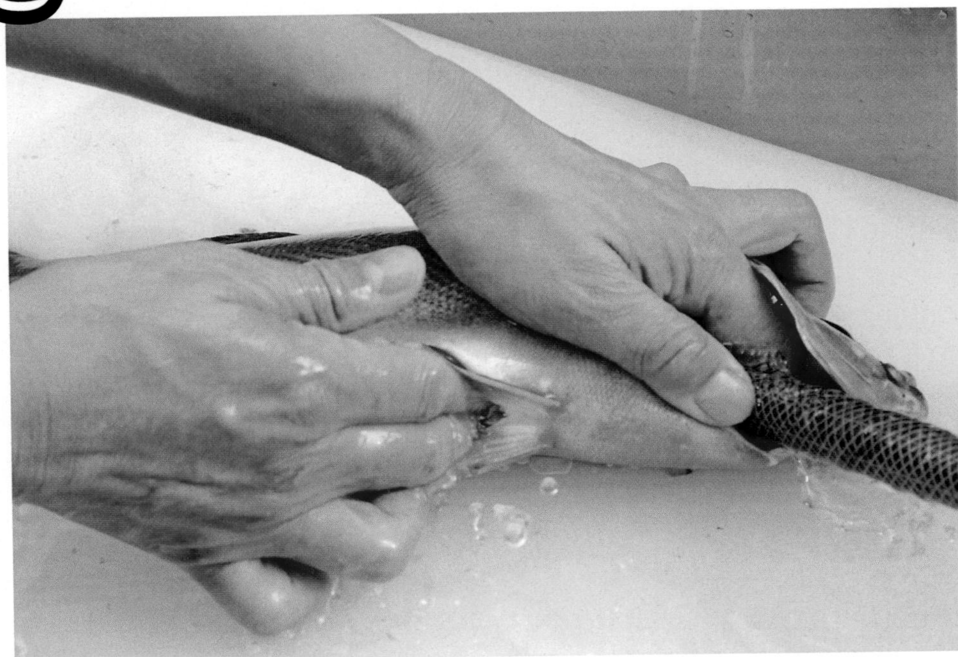

호스의 수압으로 내장과 지방을 목쪽에서 배쪽으로 밀어내고 배를 가른 부분에 손을 넣어 처리한다.

10 신장 처리

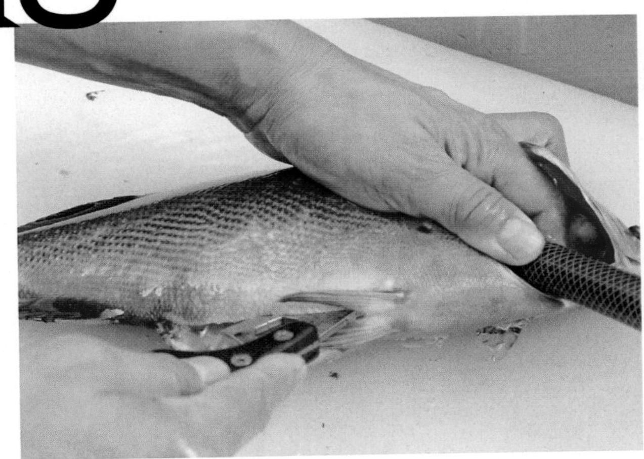

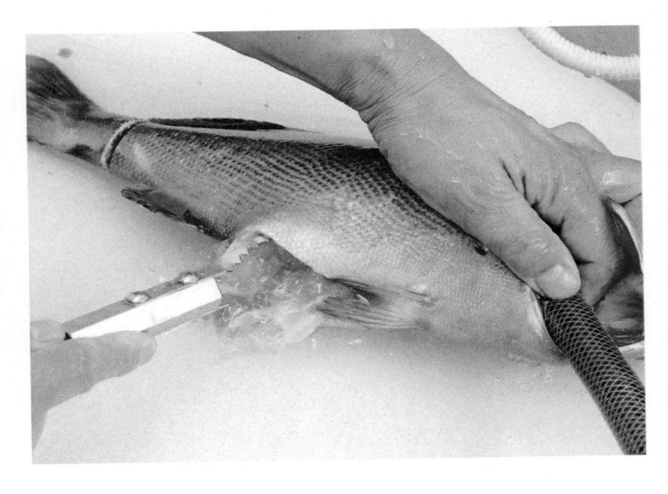

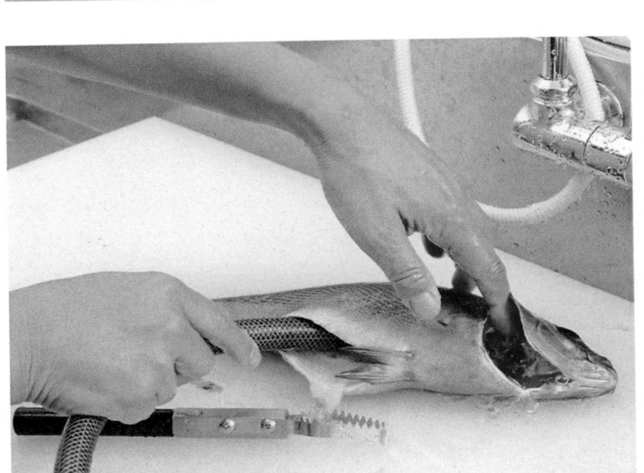

신장을 싸고 있는 척추쪽의 막을 잘라낸다. 신장비늘제거기로 척추에 붙어 있는 신장과 내장 찌꺼기를 긁어내는데, 이때 호스로 목쪽에서 물을 뿌리면서 작업하면 깨끗이 씻어낼 수 있다.
배쪽에서도 호스로 문지르면서 씻어내면 더 깨끗하게 처리할 수 있다. 물은 되도록 짧은 시간만 사용하는 것이 좋다.

요리사

모가미 쇼 × 츠모토 미츠히로

전처리 전문가

대담

생선의 모든 걸 알고 싶다

츠모토식 궁극의 피빼기를 동영상으로 보고 배웠다는 셰프 모가미 쇼 씨. 그는 생선을 좋아할뿐더러 좋은 생선을 추구하며 직접 전처리도 한다. 많은 생선을 접하고 다룬 그는 신선한 생선이 꼭 맛있는 건 아니라고 생각한다. 그에게 츠모토 씨가 전처리한 생선을 선물했다. 생선으로 메시지를 전한 것이다. 그리고 두 전문가가 만나 대화를 나누었다.

모가미 츠모토 씨의 동영상을 보고 나서 '궁극의 피빼기'에 흥미를 갖게 되었습니다. 그리고 지금은 츠모토식을 따라 생선을 전처리하고 있습니다. 이번에 츠모토 씨를 만날 수 있다는 말을 듣고 내심 기대가 컸습니다. 츠모토 씨에게 먼저 여쭙고 싶은 게 있습니다. 거의 양식어만 취급하나요?

츠모토 아닙니다. 자연산도 제법 많이 다룹니다.

모가미 제게 보내주신 강담돔, 벤자리, 줄무늬전갱이는 모두 양식어지요?

츠모토 네, 맞습니다.

모가미 꽤 숙성된 상태였습니다.

츠모토 일주일가량 숙성한 겁니다.

모가미 제가 보기에 간토지방의 강담돔과는 조금 달랐습니다. 규슈산이거나 양식 아닐까 생각했어요. 벤자리는 중국산 치어를 키운 것 같았고요.

츠모토 가고시마현에서 온 양식이니까 맞을 거예요. 단번에 알아보시다니 정말 대단하시네요.

모가미 색이 노래서 그렇게 생각했어요.

츠모토 대부분은 잘 몰라요. 드신 분들에게 양식이라고 말해도 잘 안 믿어요.

모가미 그런데 양식 특유의 냄새는 없었어요. 숙성이 잘되어 기름기가 고루 배어 있었어요. 저는 단지 생김새를 보고 자연산이 아니라고 생각한 거예요.

츠모토 놀랍습니다. 단번에 알아보는 분은 처음이에요. 요리사들은 직접 전처리를 하지 않기 때문에 겉모양만 보고는 잘 모르거든요.

모가미 저는 생선을 처리하는 모든 과정을 직접 확인해야 마음이 놓입니다. 아무튼 벤자리는 향기가 아주 진했어요.

츠모토 네….

모가미 매우 인상적이었어요. 그런데 다음 날은 달랐어요.

츠모토 그 냄새는 닦아주면 없앨 수 있습니다. 냄새만 맡아보고 부패했다고 생각하시는 분들이 있는데, 장기보존의 경우에는 3~4일마다 한 번씩 닦아주면 됩니다. 하지만 이번에는 닦지 않고 보내드렸어요. '어떻게 말씀하실까?' 궁금해서요. (웃음)

모가미 맨 먼저 강담돔을 개봉했는데 향기가 매우 강했고, 먹어보니 감칠맛이 최고였어요. 그다음 줄무늬전갱이의 맛을 보니 느낌이 더 강했고, 마지막으로 맛본 벤자리는 더욱 강한 느낌을 받았어요. (웃음)

츠모토 하하하….

모가미 츠모토식 페이스북에서 종종 봅니다만, 팔로워들은 생선을 회로 먹는 경우가 많아요. 저는 구이가 더 맛있다고 느낍니다만.

츠모토 역시 다르세요. 맛은 구이가 더 좋지요. 저는 전처리한 생선을 숙성했다고 하지 않고 '재웠다'고 이야기합니다. 생선을 맛있게 만드는 것은 요리사이고, 최고의 맛을 내기 위해 거치는 과정이 숙성이라고 생각합니다. 그런데 오해하는 분들이 있어요. 전처리를 숙성이라고 생각하는 거지요. 또 재워두기만 해도 좋다는 분들도 많아요. '20일이나 재웠어요!'라고 말하곤 하지요. 하지만 중요한 건 감칠맛의 정점이에요.

모가미 그 정점은 생선마다 다르지요.

츠모토 네, 한 마리 한 마리가 다 달라요. 그 차이를 아는 사람이 별로 없을 뿐이지요.

모가미 저는 1년에 360일 생선을 먹어요. 집에서도 생선을 재우고 숙성 며칠째가 제일 맛있는지 체크합니다. 술에 취해서 귀가한 날에도 빼놓지 않고 생선을 감싼 용지를 갈아줍니다. 수분 제거를 중시하기 때문에 매일 바꿔주면서 상태를 점검합니다.

츠모토 전처리한 생선을 숙성시키려면 수분을 빼야 해요. 소금을 뿌리고 종이로 싸서 수분을 제거해주면 정말 좋아지지요.

숙성은 시간만 중요한 게 아니에요. '회로 오래 먹을 수 있으니 좋다'는 말은 아니라고 생각해요. 요리사들과 대화할 때도 뭔가 아니다 싶은 느낌이 들 때가 있어요.

모가미 하나의 예로 요리사들은 '1kg에 5,000엔인 생선'이라고 하면 맛있을 거라고 여기는 경향이 있어요.

츠모토 맞아요. 평가의 기준이 '질 좋은 생선'이 아니라 '값비싼 생선'일 때가 많아요. 하지만 고가의 어종이 아니어도 질은 좋을 수 있습니다.

모가미 맞는 말씀입니다.

츠모토 1kg에 300~400엔이지만 아주 맛있는 생선이 있어요. 그런 생선이야말로 고급 어종이라고 할 수 있지요.

모가미 저도 그렇게 생각합니다. 하지만 요리사들의 생각도 이해해요. 고가의 요리를 준비할 때, 이를테면 1인당 15,000엔인 코스를 마련할 때 비싼 생선을 쓰면 조금 안심이 되거든요. 그래도 중요한 건 가격이 아니라 질입니다.

츠모토 앞으로 점점 질을 중시하는 사람이 늘어날 거라고 생각합니다.

놀라운 껍질의 바삭바삭함

모가미 츠모토 씨가 보내주신 생선을 집으로 가져간 적이 있어요. 다음 날 상태가 어떨지 궁금했고, 가게에서 하는 요리와 집에서 하는 요리에 다른 부분도 있어서요. 그런데 정말 놀랐어요. 집에 있는 그릴로 구웠는데 벤자리에서 나온 기름으로 튀긴 것처럼 껍질이 바삭바삭한 거예요. 순간 '아, 역시 다르구나'라는 생각이 들었어요. 재워둔 동안 기름기가 밖으로 빠져나가지 않았기 때문이지요. 아마도 진공 상태로 재운 결과일 거예요. 제가 전처리한 생선은 그런 적이 없었거든요. 정말 놀라운 경험이었어요. (웃음)

츠모토 모가미 씨처럼 깊이 탐구하시는 분은 뵌 적이 없는 것 같아요.

모가미 저는 단지 생선 오타쿠일 뿐이에요.

츠모토 낚시도 오타쿠이신 데다 요리까지 업으로 하시니 비할 데가 없네요. (웃음)

전문 요리사가 권하는 벤자리의 특별한 맛

모가미 쪄서 구운 벤자리를 가을철 가지로 샌드해서 안에 가라스미를 넣고 프리터로 만들어봤어요. 창라이레드로 악센트를 주었고요. 온천지로 유명한 유후인의 고급 음식점에서 제조한 머스터드에 찍어 먹으면 더욱 좋아요. 질감이 비슷한 벤자리와 가지를 함께 요리하면 벤자리의 기름기를 가지가 머금어서 깊은 맛이 나지요.

츠모토 오, 꼭 맛보고 싶은 요리였어요. 구운 맛 특유의 장점을 느낄 수 있을 것 같아요.

모가미 구우면 생선 특유의 향이 솟아나는 것 같아요.

츠모토 감출 수 없는 맛이지요. 모가미 씨의 요리는 정말로 특별한 면이 있네요.

모가미 이것은 레스토랑에서 쓰는 방법이지만, 집에서도 얼마든지 맛있게 먹는 방법이 있어요. 제가 보기에 츠모토 씨의 생선은 구웠을 때 더욱 진가가 드러나는 것 같아요.

츠모토 그렇게 말씀해주시니 감사하고 기쁩니다. 생선을 사랑하고 최고의 맛을 추구하는 분을 뵈니 정말 좋네요.

모가미 저는 생선을 전문으로 하는 레스토랑을 만들고 싶어요.

츠모토 꼭 만드시기 바랍니다. 늘 생선을 탐구하고, 감칠맛을 어떻게 구현하면 좋은지, 어떤 생선을 어떻게 요리하면 더 맛있는지를 아는 분이 전문점을 운영해야 합니다. 맛없다고 알려진 생선을 맛있게 만들 수 있는 사람은 드뭅니다. 무엇보다 모가미 씨는 생선을 많이 다루고 다양한 방법을 시도합니다. 저도 매일같이 생선을 다루지만, 모가미 씨는 이미 요리사의 수준을 뛰어넘은 것 같아요.

모가미 아무리 그래도 전처리를 전문으로 하시는 분보다는 못하지요. 하지만 생선을 맛있게 만드는 것이 요리사의 일입니다. 생선의 숨은 맛이 살아나도록 전처리해주는 분이 있어 정말 다행이고 요리사로서 기쁘게 생각합니다.

츠모토 도움이 되면 좋겠습니다.

모가미 저도요.

츠모토 앞으로도 모가미 씨에게 많은 것을 배울 수 있을 것 같아요. 저의 생선 공부를 도와주시면 감사하겠습니다.

모가미 저도 그렇습니다. 계속해서 생선을 공부하고 싶어요.

모가미 씨는 도리쓰다이가쿠와 하쓰다이에서 전문 이탈리안 레스토랑 D'ORO(도로)를 운영하는 셰프다. 어릴 때부터 생선요리에 관심이 많았고, 재료부터 제대로 알아야겠다는 생각으로 낚시에 심취하게 되었다. 그 후 전처리와 숙성을 집중 연구해오고 있다.

사진에서 왼쪽은 모가미 씨가 벤자리로 만든 프리터. 가운데는 부드러운 육질과 감칠맛이 탁월한 매지방어회가 들어간 타르타르. 오른쪽은 모가미 씨가 '이상적인 생선요리'로 소개한 소테. 쫄깃쫄깃한 식감을 내는 자바리의 위장을 육수와 간이 들어간 페이스트와 섞어 소스를 만들었다. 그는 생선에서 나온 재료만 사용하여 생선 본연의 맛을 살린 요리를 추구한다.

겨울을 빛내주는 바로 그 맛

갯장어

뱀장어목 갯장어과
Conger pike

연안에 서식하는, 이빨이 날카로운 육식어. 교토요리에서 빠질 수 없는 어류로 유명하다. 여름철에도 잘 부패되지 않아 요리에 많이 쓰이게 되었다. '하모'라는 일본어 이름이 '하무(물다)'에서 왔다고 하듯 물리기 쉬우므로 주의가 필요하다.

재우기

단기숙성	◎	중기숙성	○
장기숙성	△	초장기숙성	×

전처리 요점

- 뇌 찌르기 대신 머리를 자른다
- 궁극의 피빼기 시 호스 방향을 약간 위로 한다
- 점액질은 수세미로 제거한다

같은 방법으로 다른 생선도! … 없음

가장 맛좋은 시기

1월	2월	3월	4월	5월	6월	7월	8월	9월	10월	11월	12월

제철이라고 알려진 한여름과 달리 가장 기름진 시기는 1월이다. 산란기는 6월. '갯장어는 장맛비를 마시고 맛있어진다'고 하듯 여름철이 좋은 시기라고 하지만, 알을 함께 넣어 차게 먹는 교토의 갯장어요리에만 해당되는 말이다. 전골 등의 요리에서 살이 가장 맛있는 시기는 역시 겨울이다.

1 뇌 찌르기

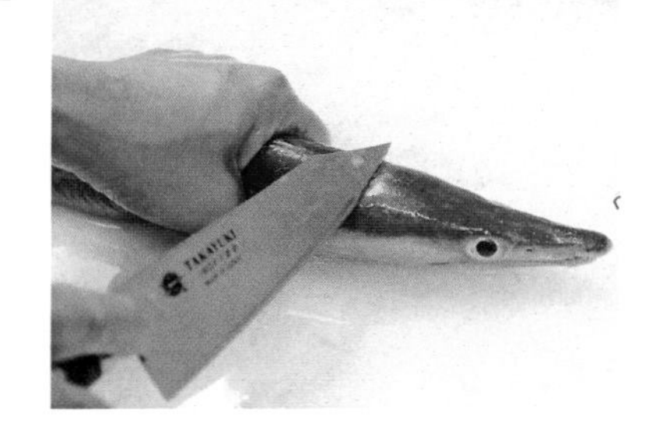

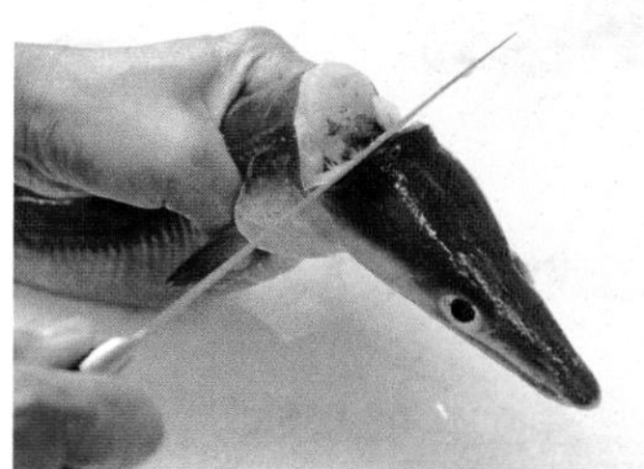

뇌 찌르기를 하지 않고 머리를 자른다. 머리를 만지면 약간 들어간 두개골 끝을 감지할 수 있다. 그곳을 칼로 자른다. 작업의 편의를 위해 배쪽의 가죽은 남겨둔다.

2 아가미막 자르기

이 공정은 생략한다.

3 꼬리에 칼자국 내기

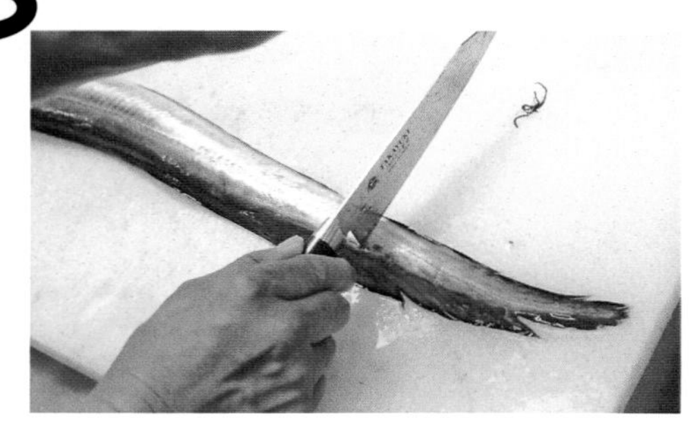

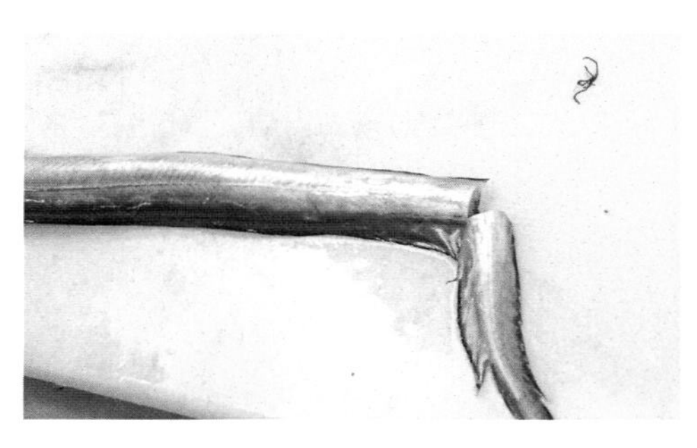

꼬리는 머리 길이와 비슷하게 자른다. 이후의 공정을 위해 일부는 남겨두는 것이 좋으며, 칼턱을 대고 칼등을 두드린다.

4 신경구멍에 노즐 넣기

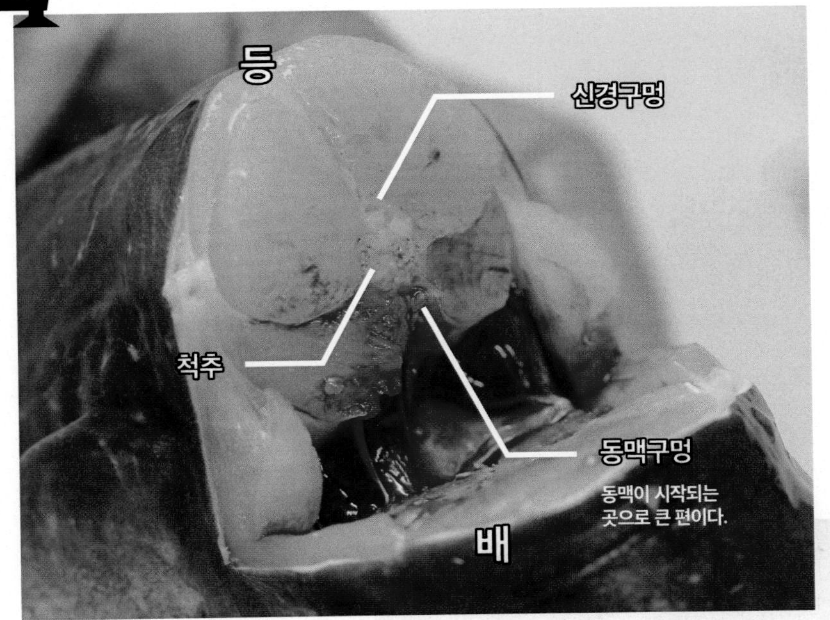

머리쪽

머리쪽 신경구멍에 맞는 구경의 노즐을 꽂고 물을 주입한다. 갯장어나 바닷장어처럼 길쭉한 생선은 되도록 두꺼운 노즐을 사용하여 수압을 세게 할 필요가 있으므로 신경구멍이 큰 머리쪽에서 작업한다. 물이 잘 통하면 꼬리 절단면에서 하얀 실 모양의 신경이 밀려나온다. 하지만 신경이 나오지 않아도 별 문제는 없다.

5 동맥구멍에 노즐 넣기

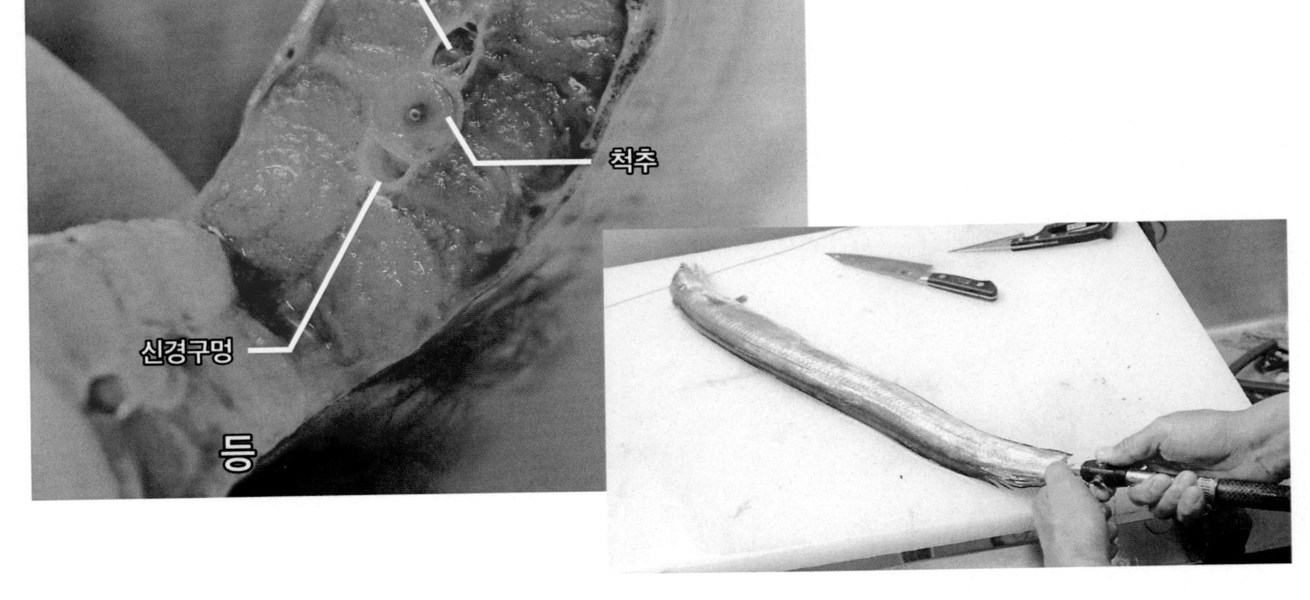

꼬리쪽의 동맥구멍에 맞는 구경의 노즐을 꽂고 물을 주입한다. 동맥을 통해 생선 아래 부분의 모세혈관에 물을 보낸다. 몸이 팽팽하고 단단해지면 OK!

6 궁극의 피빼기

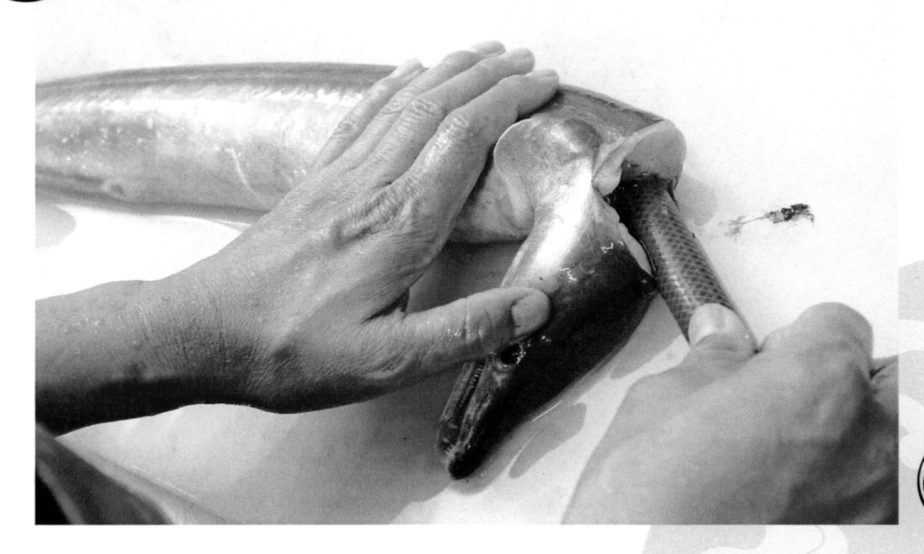

머리쪽 동맥이 시작되는 구멍에 호스를 대고 물을 주입한다. 이때 호스의 각도에 주의한다. 호스를 조금 위쪽으로 향하면 물이 잘 통한다. 살이 부풀어올라 몸이 팽팽해질 때까지 물을 주입한다.

ONE POINT LESSON

점액질도 함께 제거한다.

한 손으로 호스와 생선을 잡은 상태에서 다른 손으로 생선의 머리부터 꼬리까지 짜주듯이 문질러 물이 잘 통하게 한다. 이때 수세미를 사용하면 점액질도 동시에 제거할 수 있다. 생선 전체를 수세미로 문지르고 나서 칼로 긁어주면 점액질이 완전히 제거된다.

7/8 아가미 제거와 배 가르기

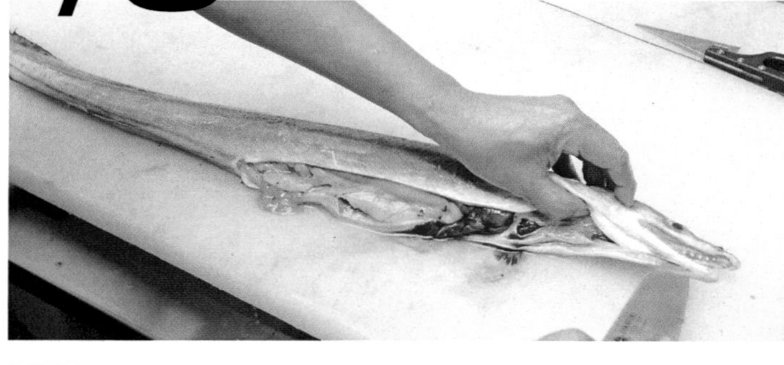

칼로 항문을 찌르고 그대로 목까지 배를 가른다.

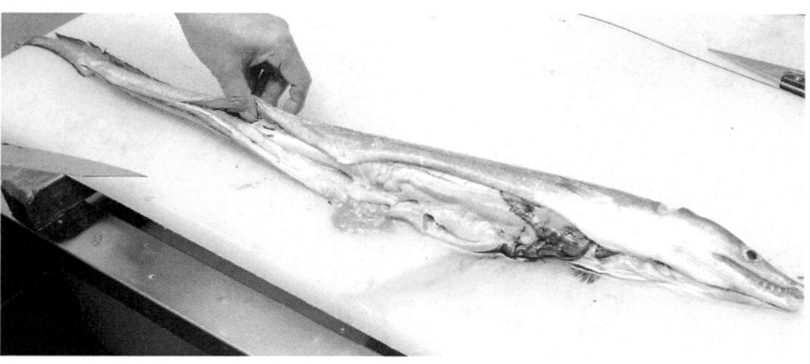

갯장어는 항문 아래까지 내장이 있으므로 꼬리쪽으로 배를 더 가른다.

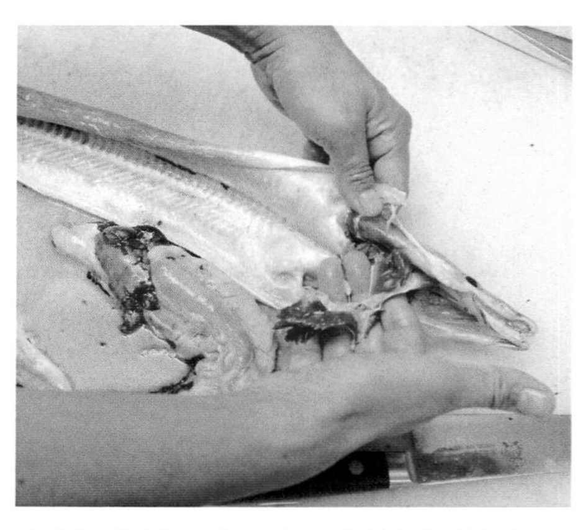

내장을 제거하고 손으로 아가미를 제거한다.

9/10 내장과 신장 처리

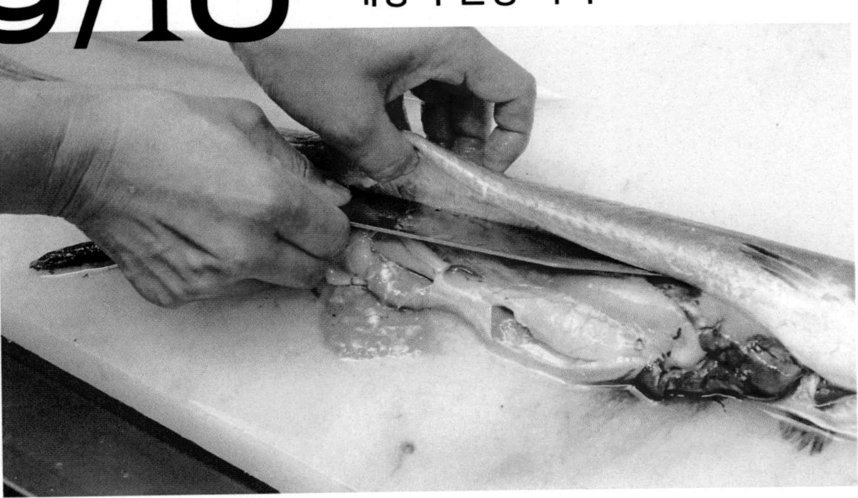

칼날을 몸에 가볍게 대고 남은 내장과 신장을 처리한다.

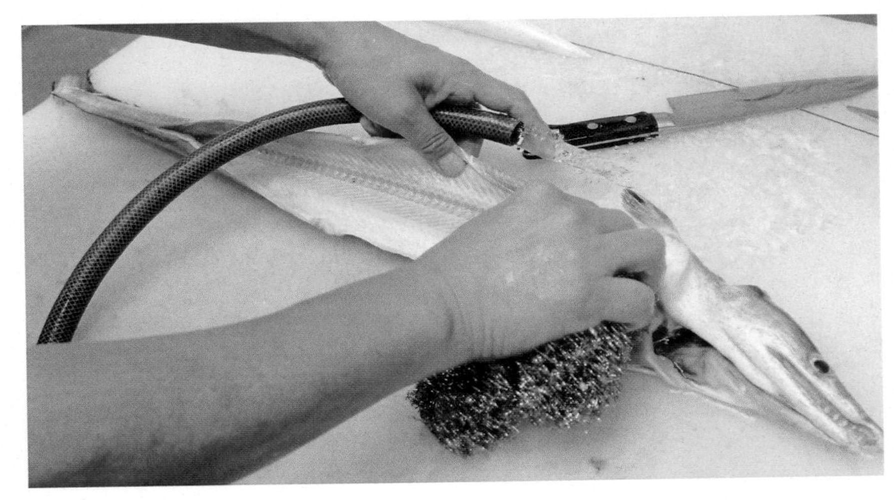

물을 뿌리면서 수세미로 문질러 남은 내장과 신장을 깨끗이 닦아낸다.

수세미를 사용하면 말끔히 씻어낼 수 있다.

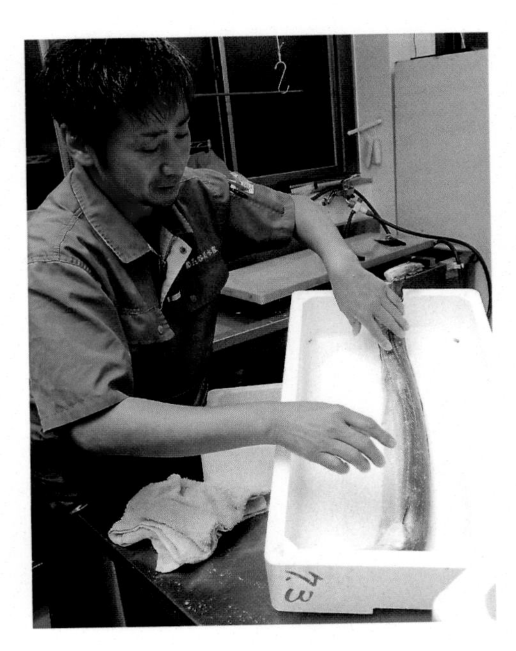

11 세워놓기

머리를 아래로 향하게 하여 생선박스에 세워둔다. 긴 생선은 박스를 대각선으로 놓고 바닥면에 키친타월을 깔아 그 위에 생선을 붙이듯 놓아둔다.

날카로운 이빨, 노래하는 살

갈치

농어목 갈치과

Largehead heirtail

갈치는 '태도어(太刀魚)'라는 이름처럼 큰 칼의 빛과 같은 은색과 날카로운 이빨이 특징이다. 생김새는 투박하지만 담백하고 포근한 느낌의 흰살은 맛이 일품이다. 미야자키현에서는 남쪽 해역에 서식하며, 1m가 훨씬 넘는 대형 덴지쿠타치도 시장에 유통되어 인기가 많다.

아가미의 하얀 부분에 가시가 있다!

이빨이 칼처럼 날카롭다.

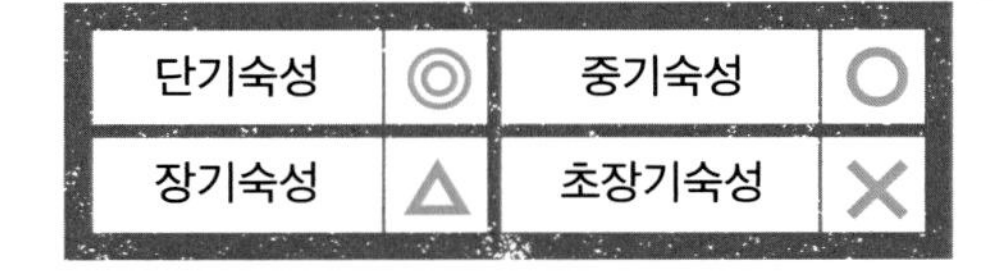

단기숙성	◎	중기숙성	○
장기숙성	△	초장기숙성	×

전처리 요점

- 살아 있는 상태에서 뇌 찌르기를 하면 매우 위험하다.
- 꼬리의 동맥구멍이 작아 노즐 처리를 생략하기도 한다
- 궁극의 피빼기는 무리하지 않는 게 좋다

가장 맛좋은 시기

1월	2월	3월	4월	5월	6월	7월	8월	9월	10월	11월	12월

맛있는 계절은 봄으로 3월경이 제일 맛있다. 특히 나가사키산 갈치가 압권이다. 미야자키현에서 잡히는 갈치 중에서는 기비레타치가 그중 기름지고 맛있다.

같은 방법으로 다른 생선도! … 없음

1 뇌 찌르기

아감딱지의 연장선상에 있는 관자놀이를 칼로 찌르고 비튼다. 수직 방향에서 30도 정도 등쪽으로 기울여 찌르면 잘 들어간다. 이빨이 날카로워 살아 있을 때 뇌 찌르기를 하면 매우 위험하다. 얼음물에 담가서 죽은 다음 작업하는 것이 좋다.

2 아가미막 자르기

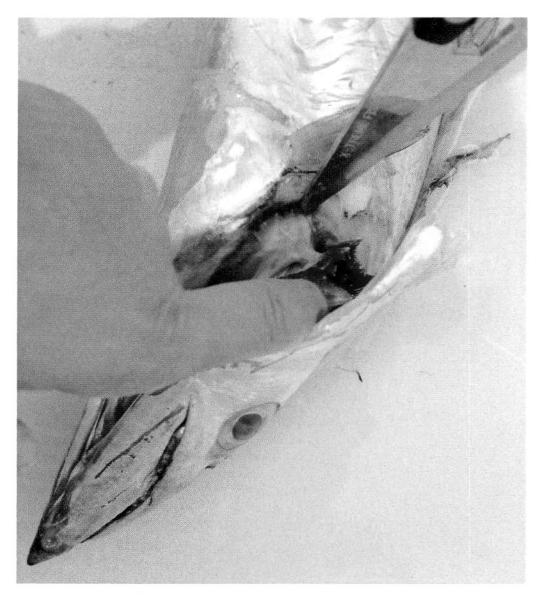

아감딱지를 벌리고 아가미를 젖혀서 아가미막을 노출시킨다. 이때 아가미의 하얀 부분에 있는 가시(새파)를 조심한다. 아가미막의 등쪽에 칼을 넣은 후 척추에 칼날을 대고 가볍게 긋듯이 움직여 아래의 동맥을 자른다.

3 꼬리에 칼자국 내기

머리와 같은 길이의 위치에서 꼬리를 자른다. 칼이 척추에 닿을 때까지 살을 자르고 칼등을 두드려 반대편 껍질만 남겨둔 상태로 만든다. 작업이 어려우면 꼬리를 전부 잘라도 괜찮다.

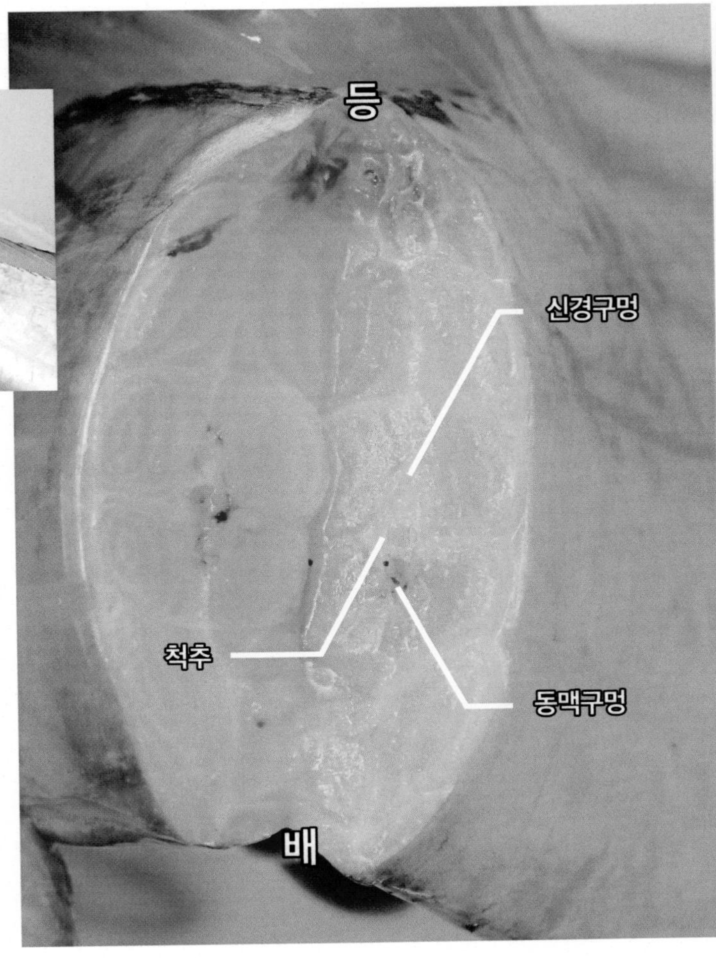

4 신경구멍에 노즐 넣기

신경구멍과 동맥구멍은 매우 작다. 특히 신경구멍은 노즐을 넣어도 신경을 제거하기가 어려우므로 생략해도 된다.

5 동맥구멍에 노즐 넣기

동맥구멍에 노즐을 넣고 물을 주입한다. 구멍이 매우 작아 1kg의 갈치에도 최소 크기인 구경 1.1ϕ의 노즐을 사용한다. 동맥을 잘못 맞추면 살 사이에 물이 들어갈 수 있으니 주의한다. 꼬리 주변이 팽팽해지면 OK. 지나치면 혈관이 터지므로 적당히 주입한다. 혈관이 매우 작아 꼬리쪽에서 넣은 물이 아가미막쪽으로 나오는 경우는 거의 없다.

6 궁극의 피빼기

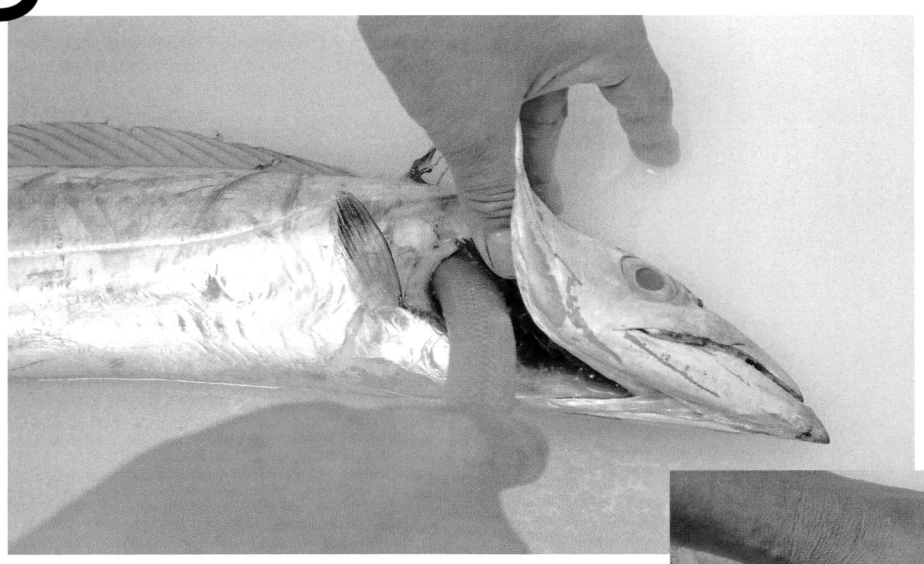

아감딱지를 벌려 호스가 들어갈 정도이면 호스를 사용한다. 아가미를 젖히고 아가미막을 자른 부분을 노출시켜 그 안의 척추에 호스를 댄다. 호스가 들어가지 않으면 소형 어종용 고압노즐을 사용한다.

꼬리쪽으로 수압이 가해지도록 호스의 각도를 기울이고, 다른 손으로는 몸을 덮어주듯 고정한 채로 물을 보낸다. 몸이 적당히 팽팽해지면 멈춘다. 수압이 과하면 혈관이 파괴되고 살이 찢어질 수 있으니 주의한다.

7 아가미 제거

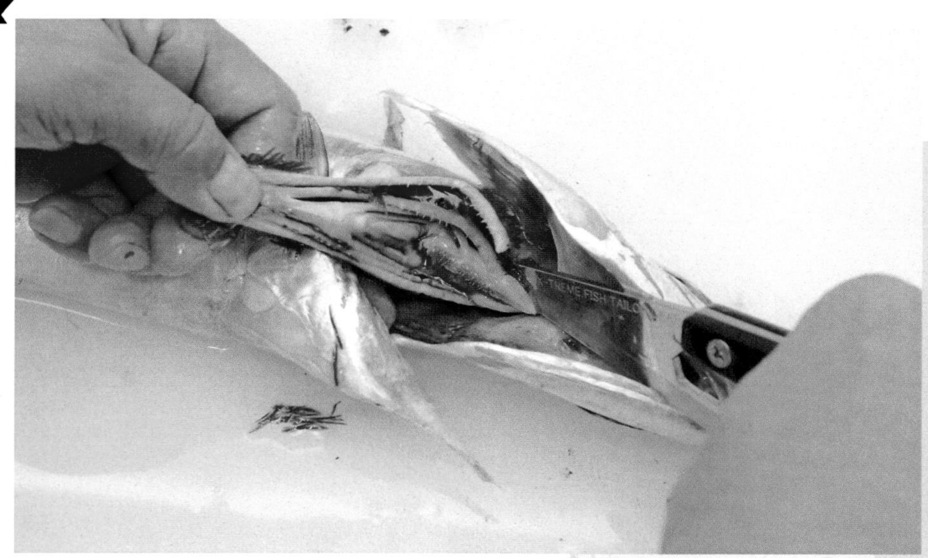

방법은 기본 차트(p. 20)와 같다. 힘을 주지 않아도 제거할 수 있지만, 아가미의 하얀 부분에 날카로운 가시가 있으므로 주의한다. 아가미에 손가락을 걸면 가시에 찔릴 수 있으니 목쪽을 잡고 작업한다.

ONE POINT LESSON

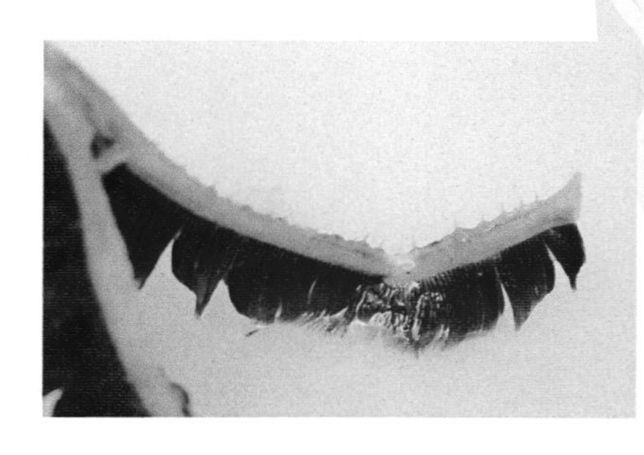

**머리 주변에 가시가 많다!
날카로운 이빨을 조심한다.**

가늘고 날카로운 가시가 줄지어 있는데, 머리와 가까운 쪽의 가시일수록 더 길고 날카롭다. 이빨에도 주의한다. 갈치의 이빨은 닿기만 해도 베이는 칼과 같다. 아가미를 제거하기 곤란하면 머리를 통째로 잘라도 된다.

8 배 가르기

칼로 항문을 찌르고 그대로 배지느러미까지 배를 가른다.

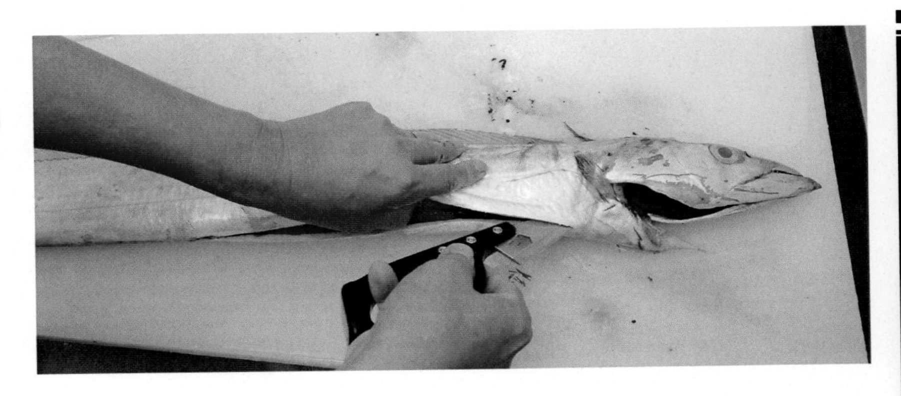

9 내장 처리

배쪽에서 내장을 끄집어낸다. 간혹 새어나온 위액 등으로 살이 녹아 있는 경우도 있다. 배 속을 보면 신선한 정도를 알 수 있다.

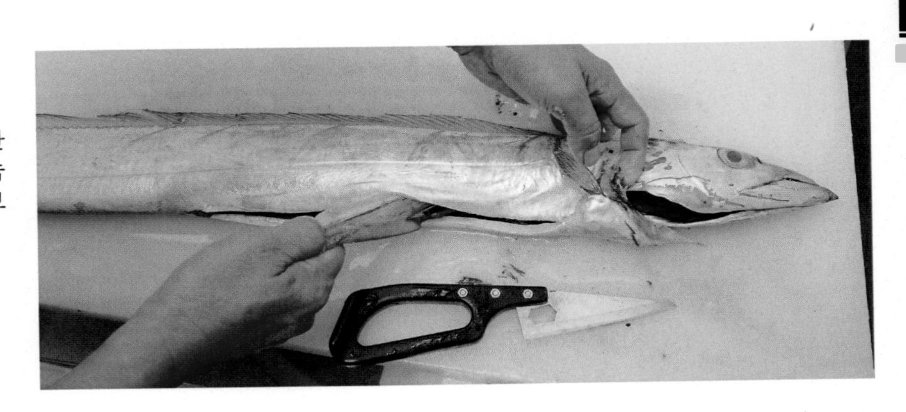

10 신장 처리

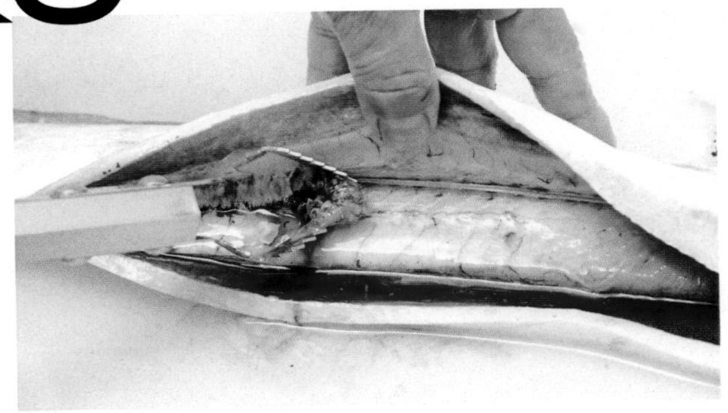

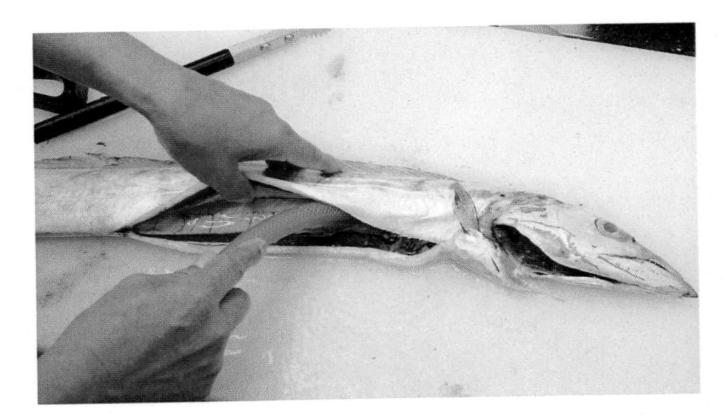

척추를 따라 칼로 칼집을 내고 신장비늘제거기로 신장을 긁어낸다. 물을 틀고 호스로 신장이 붙어 있던 척추를 긁어 찌꺼기를 씻어낸다.

11 세워놓기

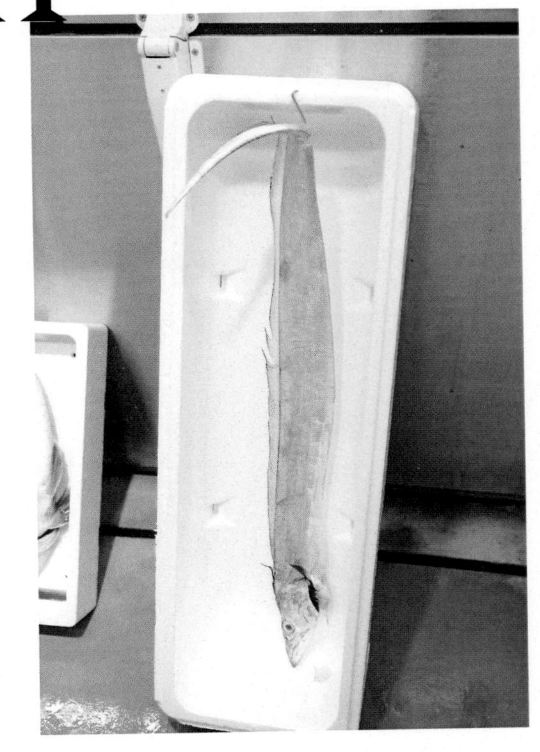

자르지 않고 남겨둔 꼬리에 S자 고리를 걸어 세워둔다. 생선박스를 기울이고 키친타월 등을 깔아 생선을 바닥면에 붙이듯 놓아둘 수도 있다.

사시사철 맛있지만 그중 제일은…

무지개송어

연어목 연어과

Rainbow trout

일반인들도 잘 아는 생선. 흰살의 소금구이 생선이라는 이미지가 강하지만, 꾸준히 개량되어 붉은살의 크고 기름진 개체가 늘어나면서 회로 먹는 문화가 생겨나기 시작했다. 여기에 등장하는 무지개송어는 야마나시현에서 선보인 '후지노스케(무지개송어와 킹새먼의 교배종)'다.

재우기

단기숙성	○	중기숙성	◎
장기숙성	○	초장기숙성	△

가장 맛좋은 시기

1월	2월	3월	4월	5월	6월	7월	8월	9월	10월	11월	12월

시중에 유통되는 생선은 대부분 양식이어서 사시사철 기름진 편이지만, 산란기가 9 ~ 11월이므로 제일 맛있는 시기는 2 ~ 3개월 전인 6 ~ 8월이다. 오쿠휴가연어 등의 품종도 엇비슷하다. 알을 배면 체온이 올라 살이 물러지고 살도 하얘지므로 좋은 맛을 원한다면 산란 전이 좋다.

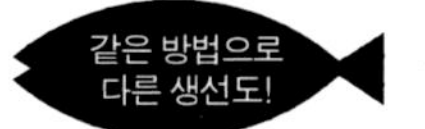

… 연어, 곤들매기, 산천어

전처리 요점

- 지느러미에 가시가 없어 처리가 용이하다.
- 내장은 호스의 수압을 이용하여 목쪽에서 꺼낸다.
- 가르는 배의 길이가 짧으므로 전용 도구(신장비늘제거기)를 사용한다.

1 뇌 찌르기

아감딱지의 연장선에 있는 관자놀이에 칼끝이 뾰쪽한 칼을 대고 등 방향으로 45도 정도 각도를 기울여 찌른다. 활어는 미끄러우므로 타월 등으로 생선을 잡고 작업한다. 선어의 경우에는 생략해도 되지만 신경을 제거하려면 미리 작업을 해두는 것이 좋다.

2 아가미막 자르기

아가미막을 벌리고 아가미를 잡아 머리쪽으로 당겨서 확인한 다음 막의 등쪽에 칼을 넣어 척추에 칼날을 대고 가볍게 긋듯이 움직여 아래의 동맥을 자른다.

3 꼬리에 칼자국 내기

연어나 송어류 특유의 기름지느러미(등 아래쪽에 있는 작은 지느러미) 끝에서 수직으로 척추에 닿을 때까지 자른다. 그 다음 칼등을 두드려 척추를 절단하고 껍질만 남기고 살을 잘라낸다. 모양새를 고려하지 않는다면 꼬리를 모두 잘라버려도 되지만, 껍질을 남겨두면 이후 공정에서 생선을 잡을 때 편리하다.

4 신경구멍에 노즐 넣기

신경구멍에 맞는 구경의 노즐로 물을 주입하여 신경을 밀어낸다. 활어라면 신케지메와 같은 효과를 볼 수 있다. 선어의 경우는 생략해도 된다. 성공하면 하얀 실 모양의 신경이 뇌 찌르기에서 생긴 구멍으로 밀려나온다. 수압에 따라 밀려나오지 않는 경우도 있지만, 무리해서 나오게 할 필요는 없다.

5 동맥구멍에 노즐 넣기

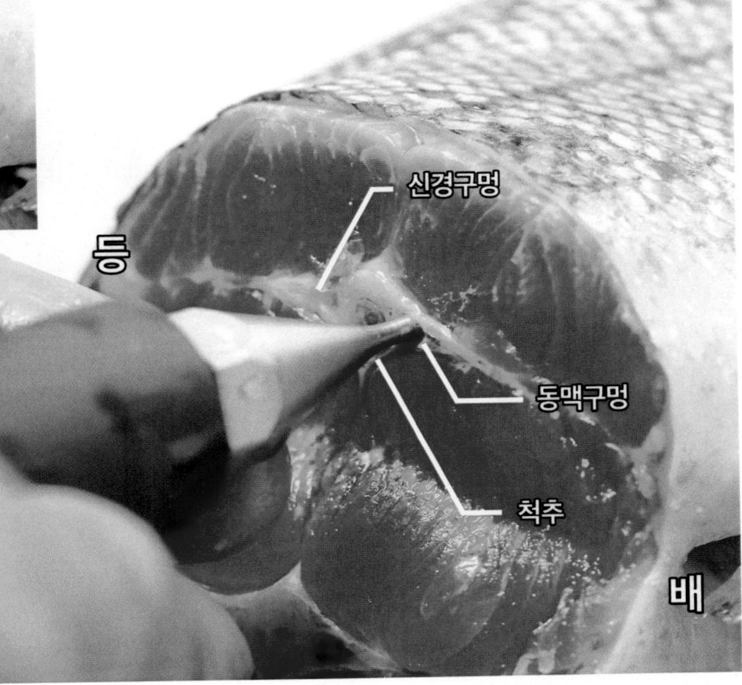

척추의 배쪽에 있는 동맥구멍에 맞는 구경의 노즐을 수직 방향으로 살짝 꽂고 물을 주입한다. 이때 꼬리가 붙어 있으면 생선을 고정하기에 수월하다.

물이 잘 통하면 잘라낸 아가미막에서 피가 섞인 물이 나온다. 그보다는 아래 부분이 팽팽해질 때까지 동맥에 물을 주입하는 것이 중요하다.

6 궁극의 피빼기

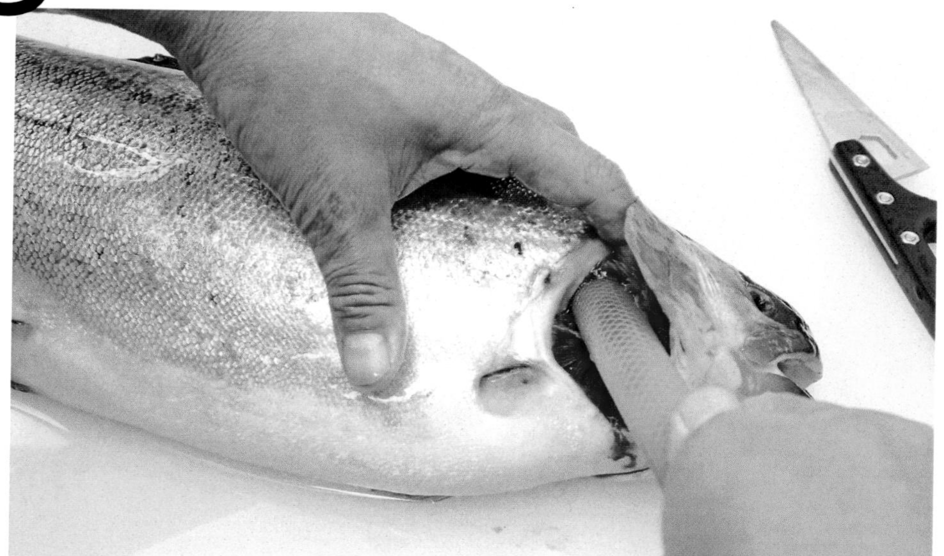

아감딱지를 벌려 아가미를 젖히고 아가미막 자르기에서 절단한 동맥의 입구에 호스를 댄다.

호스를 정확히 대고 꼬리쪽으로 수압이 걸리도록 각도를 조절한 후 손으로 생선과 호스를 감싼다. 안정된 자세로 물을 주입하되 과하지 않게 주의한다.

7 아가미 제거

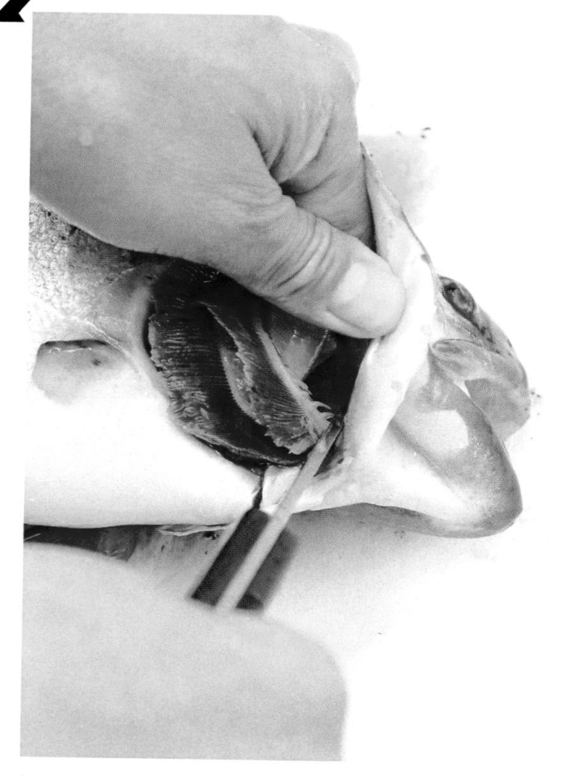

기본 차트(p.20)에서 소개한 방어와 거의 같은 순서로 아가미를 제거한다. 날카로운 부분이 거의 없어 위험하진 않지만 미끄러우니 주의할 필요가 있다.

8 배 가르기

우선 심장을 싸고 있는 막을 칼끝으로 한 번 베고 척추를 따라 나머지 막을 자른다. 이어서 항문을 찌르고 배지느러미까지 배를 가른다. 무지개송어는 다른 생선에 비해 배지느러미가 아래쪽에 있어 가르는 길이가 짧다. 신장비늘제거기 등의 전용 도구가 없으면 배를 더 갈라도 되지만 그만큼 살에 손상을 입히기 쉬우므로 주의를 요한다.

9 내장 처리

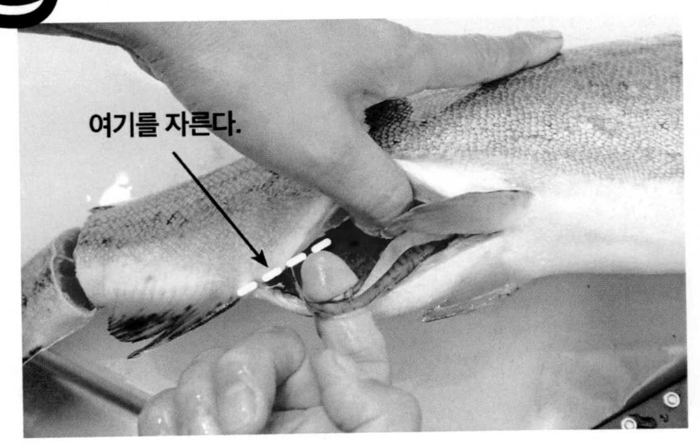

내장을 꺼내면서 내장과 항문이 맞닿은 부분을 자른다. 무지개송어는 내장을 목쪽으로 꺼내야 한다. 절단한 내장을 배쪽으로 꺼내지 말고 다시 밀어넣는다.

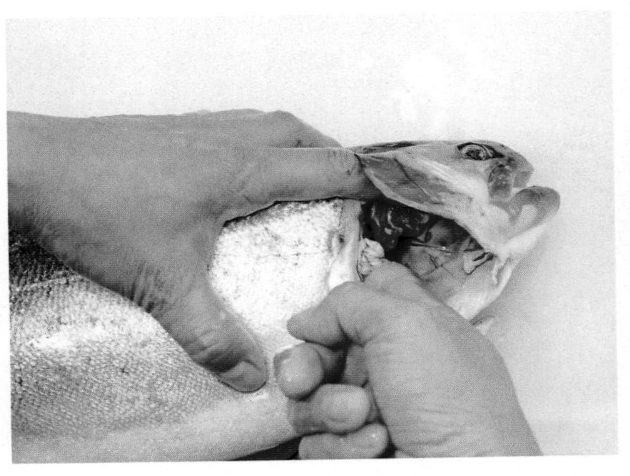

목쪽 구멍에 검지손가락을 넣고 돌려 식도 부분을 몸과 분리시킨다.

배에 호스를 꽂고 수압으로 내장을 목쪽으로 밀어내어 손으로 끄집어낸다. 작업이 순조로우면 식도와 위장, 부레, 간 등을 한꺼번에 분리할 수 있다.

10 신장 처리

신장비늘제거기를 배쪽에 넣고 척추를 따라 있는 신장을 긁어내고 호스로 목쪽에서 물을 흘려 씻어낸다.

ONE POINT LESSON

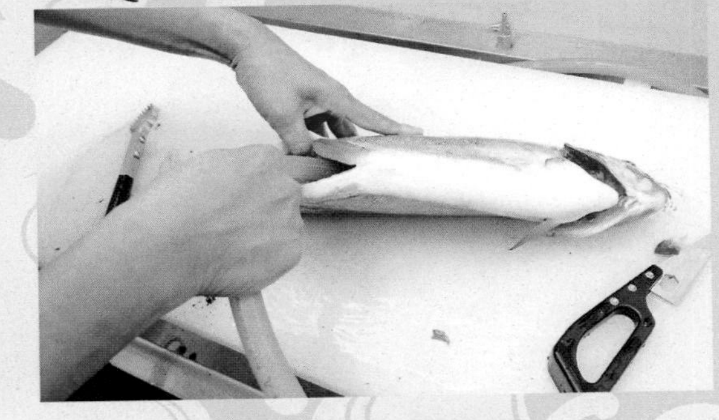

호스 입구로 물을 뿌려가며 긁어내면 깨끗이 제거할 수 있다.

마지막으로 호스 입구로 척추를 긁으면서 물로 씻어내면 남아 있는 신장 찌꺼기를 깨끗이 제거함과 동시에 배 속을 간단히 씻어낼 수 있다.

처리의 난이도는 높지만…

뱀장어

뱀장어목 뱀장어과
Japanese eel

하천이나 호수, 늪에서 서식한다. 산란기에는 바다로 나가 알을 낳는다. 어업이나 양식의 감소로 수입량이 늘었다. 치어를 잡아 양식하는 경우도 있었는데, 2019년 말 완전 양식에 성공했다는 소식이 전해지면서 안정적 공급에 대한 기대가 크다.

강한 점액질로 몸 전체가 미끌미끌하다.

전처리 요점

- 점액질은 수세미로 문질러 제거한다
- 머리를 전부 잘라내지 않고 껍질을 남겨두면 나중에 작업하기가 쉽다
- 궁극의 피빼기에 소형 어종용 고압노즐을 사용한다

같은 방법으로 다른 생선도! … 붕장어

단기숙성	○	중기숙성	◎
장기숙성	○	초장기숙성	△

가장 맛좋은 시기

1월	2월	3월	4월	5월	6월	7월	8월	9월	10월	11월	12월

겨울에 가장 맛있는 어종이다. 산란기의 뱀장어는 바다로 나가므로 산란에 따른 영향은 없다고 볼 수 있다. 여름철 복날에 많이 먹어 여름이 제철인 것 같지만, 가을이나 겨울에 더 기름지다.

1 뇌 찌르기

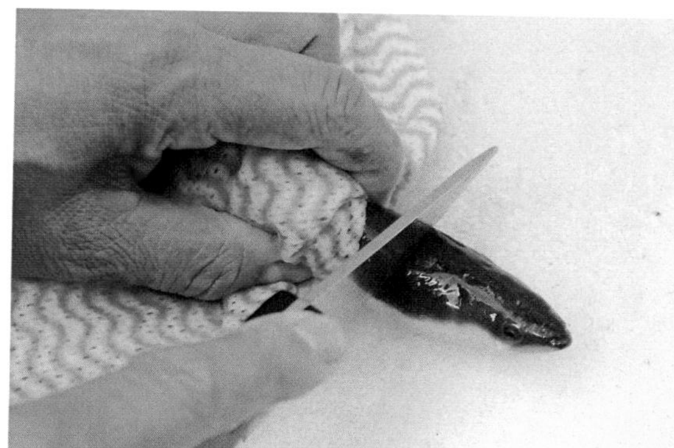

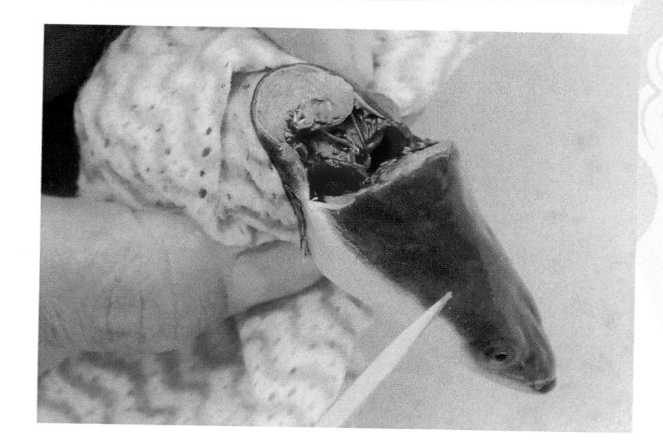

머리를 잘라내는 것으로 대신한다. 이때 미끄러지지 않도록 타월로 몸을 고정시킨 상태에서 가슴지느러미의 앞부분과 같은 위치의 등쪽을 자른다. 척추에 칼이 닿으면 칼등을 두드려 뼈를 자른다. 이때 배쪽 껍질을 다 자르지 않고 조금 남겨두면 이후의 작업이 용이하다.

ONE POINT LESSON

얼음물에 20분 정도 담가 기절시킨 후 작업한다.

점액질이 많은 뱀장어는 숙련되지 않으면 다루기가 어렵다. 머리를 자르기 전에 얼음물에 20분 정도 담가두어 기절시키면 작업이 수월하다.

수세미로 머리부터 꼬리까지 문지르면서 호스로 물을 뿌려 점액질을 제거한다. 힘을 주어 여러 번 문지르고 몸이 매끈해지면 OK. 작업 전에 60℃ 정도의 물에 30초간 넣어두면 점액질을 보다 쉽게 제거할 수 있다.

2 아가미막 자르기

머리를 통째 자르므로 생략한다.

3 꼬리에 칼자국 내기

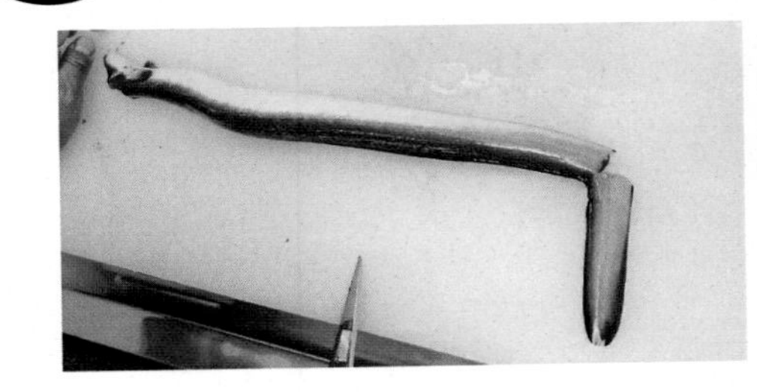

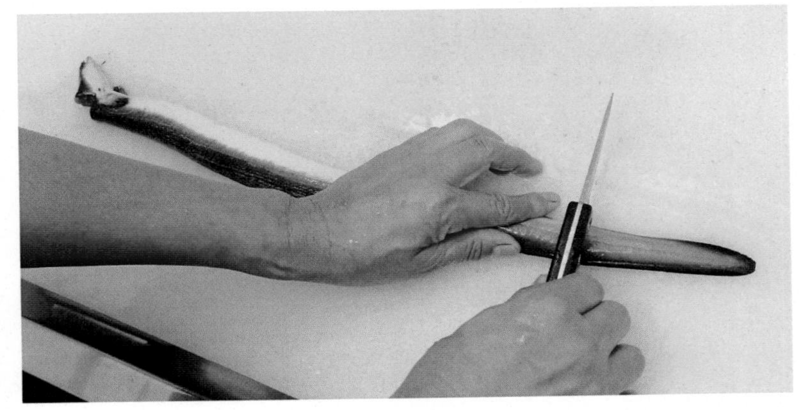

머리 길이의 2배 정도 되는 지점의 꼬리 부분에 칼자국을 낸다. 칼이 척추에 닿으면 칼등을 두드려 척추를 자른다. 꼬리를 전부 자르지 않고 껍질을 남겨두면 이후 작업이 편리하다.

4 신경구멍에 노즐 넣기

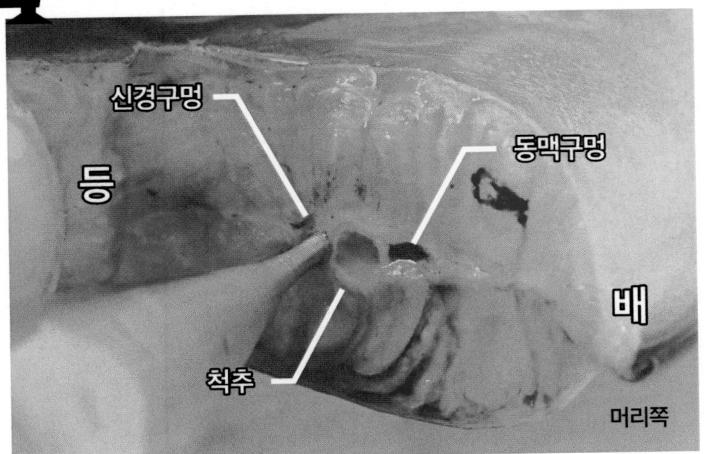

머리쪽에서 신경구멍에 맞는 구경의 노즐을 꽂고 물을 주입하여 신케지메를 한다. 잘되면 꼬리 절단면에서 하얀 실 모양의 신경이 밀려나온다. 신경이 나오지 않아도 물이 통했다면 신케지메가 이루어진 상태로 볼 수 있다.

5 동맥구멍에 노즐 넣기

잘라낸 꼬리를 잡고 절단면을 노출시켜 동맥구멍에 맞는 구경의 노즐을 꽂고 물을 주입한다. 이상이 없으면 머리쪽 동맥의 절단면에서 피가 섞인 물이 나온다. 이 공정에서 가장 중요한 점은 꼬리 부근의 동맥과 모세혈관에 물을 보내는 것이다. 몸이 부풀어 팽팽해질 때까지 물을 주입한다.

6 궁극의 피빼기

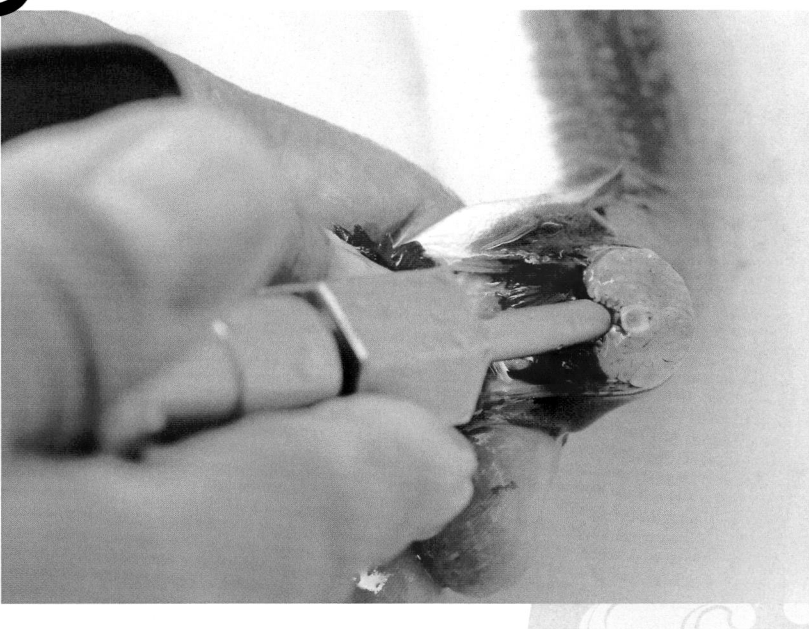

머리를 잘랐을 때 남겨둔 부분을 잡고 절단면을 노출시킨 후 동맥구멍에 소형 어종용 고압노즐을 꽂는다. 물을 동맥과 모세혈관에 보낸다. 몸이 부풀어 올라 전체적으로 팽팽해지면 물 주입을 멈춘다.

ONE POINT LESSON

수압을 가하고 수세미로 문지른다!

물을 주입하면서 수세미로 머리에서 꼬리 방향으로 마사지하듯 몸을 문지르면 보다 효과적으로 물을 혈관에 보낼 수 있을뿐더러 꼬리쪽 절단면의 혈액도 깨끗이 씻어낼 수 있다.

7/8 아가미 제거와 배 가르기

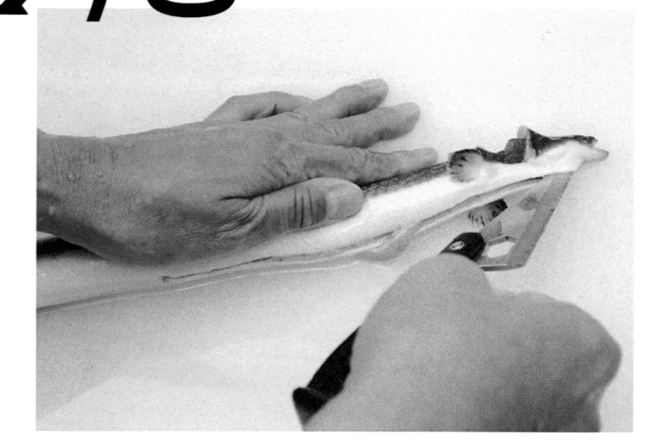

칼로 항문을 찌르고 턱밑까지 단칼에 배를 가른다.

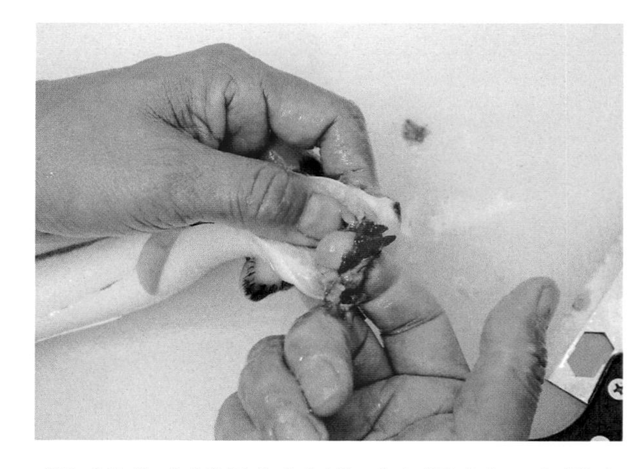

배를 가른 후 머리와 몸에 남아 있는 아가미를 손으로 제거한다.

9 내장 처리

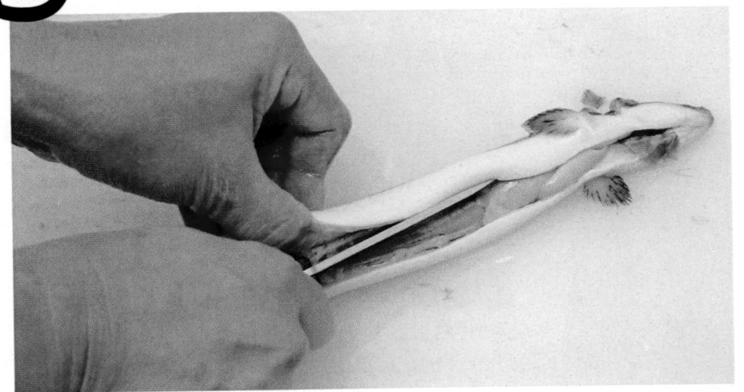

칼로 내장을 긁어내고
손으로 제거한다.

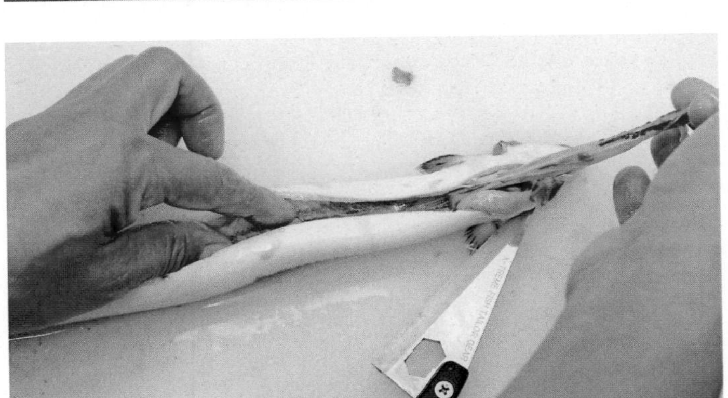

간의 피까지 빠진다!

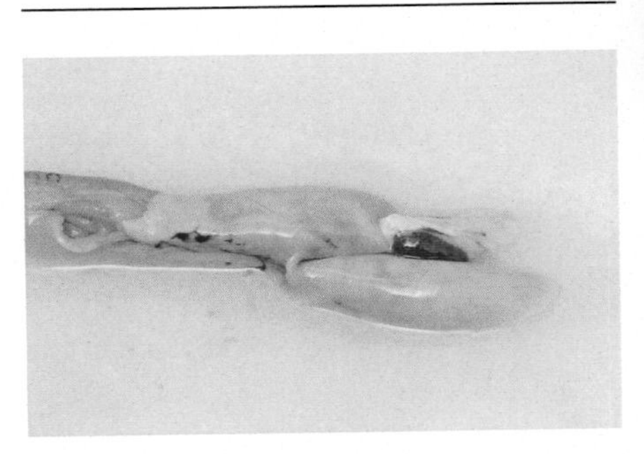

흔히 말하는 장어간은 위, 장, 간 등의 내장 전체를 가리킨다. 츠모토식 전처리를 하면 간의 피까지 빼내어 하얀색이 된다.

10 신장 처리

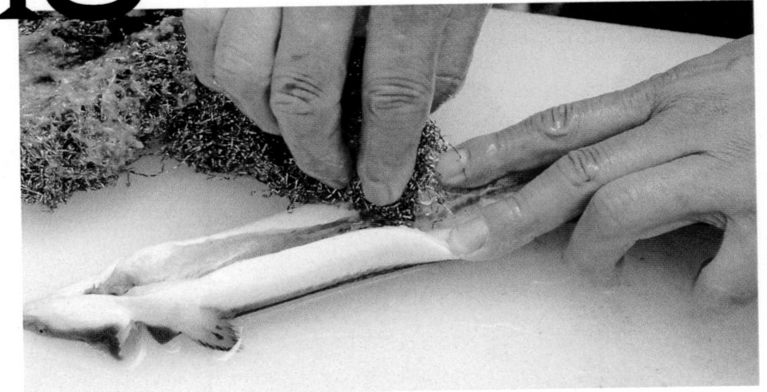

물을 뿌리면서 척추에 붙은 신장을 수세미로 긁어 씻어낸다.

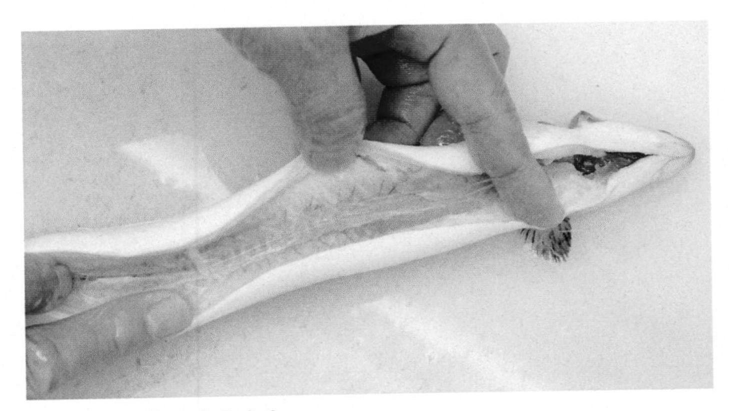

신장이 깨끗이 제거된 상태

11 세워놓기

다 자르지 않은 상태의 꼬리에 S자 고리를 걸고 머리를 아래 방향으로 하여 생선박스에 매단다. 박스를 비스듬히 놓고 키친타월을 깔아 그 위에 놓아두어도 된다.

S자 고리를 사용하면 생선박스에 매달 수 있다.

츠모토식, 생선의 맛을
획기적으로 바꾸다!

숙성의 비밀

츠모토식의 진가는 생선의 선도를 오래 유지할 수 있다는 것입니다. 그만큼 숙성을 보다 효과적으로 진행할 수 있습니다. 여기서는 숙성의 기본과 감칠맛의 원리, 쉽게 활용할 수 있는 숙성법을 소개합니다.

숙성이란?

이 책에서는 숙성을 알기 쉽게 설명하기 위해 숙성의 기간과 효과에 따라 전 과정을 3단계로 나누었습니다. 숙성은 익히 알려진 이노신산 외에 유리아미노산이라는 2가지 감칠맛 성분의 작용이라는 사실이 밝혀졌습니다.

이노신산 숙성

반나절에서 며칠에 걸쳐 정점에 달하는
생선 특유의 감칠맛 증가 상태

생선의 감칠맛 성분으로 잘 알려진 이노신산은 생선의 생명력이라고 할 수 있는 ATP(아데노신삼인산)가 변한 것입니다. 보통 ATP는 생선이 죽는 순간부터 이노신산으로 바뀌기 시작합니다. 이노신산은 생선의 종류나 상태에 따라 다를 수 있지만, 증가하는 양의 정점은 대략 4~5일 전후입니다. 이 정점을 지나면 이노신산이 감소된다는 연구결과가 나왔습니다. 여기서는 이노신산이 미각에 영향을 주는 숙성 상태를 '이노신산 숙성'으로 정의합니다. 그런데 츠모토식 전처리를 거친 생선은 이노신산의 정점을 지나면서 감소 속도가 느려진다는 사실이 밝혀졌습니다. 츠모토식의 우위성을 말해주는 또 하나의 증표라고 할 수 있습니다.

유리아미노산 숙성

10일 전후부터 생기는
다른 차원의 감칠맛 증가 상태

생선을 재워두면 10일 전후부터 근육 등의 단백질이 변화하여 글루탐산이나 아스파라긴산 같은 유리아미노산이 증가하는 현상이 발생합니다. 물론 생선의 종류나 상태에 따라 그 시점은 다를 수 있습니다. 여기서는 이러한 숙성 상태를 '유리아미노산 숙성'으로 정의합니다.
유리아미노산은 생선 고유의 감칠맛을 내는 성분이지만, 일반적인 전처리에서는 유리아미노산 숙성에 이르기 전에 생선이 부패하거나 열화되기 시작하여 효과를 보기가 어려웠습니다. 하지만 츠모토식이 개발되어 유리아미노산 숙성의 혜택을 드디어 누릴 수 있게 되었습니다.

숙성의 3단계

포획 후~5일 전후 | 6~14일 전후 | 15일 이후

단기숙성

츠모토식에서는 포획 후~5일 전후까지의 보존 및 재우기를 '단기숙성'으로 규정합니다. 전처리의 공정을 완료한 후 얼음물에서 2~5℃ 정도의 냉온보존 상태를 지속하면 어렵지 않게 선도를 유지할 수 있습니다. 기온이 높은 여름철에는 세심한 주의를 기울여야 합니다. 다른 계절보다 빨리 찾아오는 이노

중기숙성

츠모토식의 탁월성을 이해하기 쉬운 첫 단계가 바로 중기숙성입니다. 츠모토식을 제대로 이해하고, 어느 정도의 숙성 기술만 익히면 얼마든지 해볼 수 있습니다. 6~14일 전후까지 생선의 선도를 유지하면 이노신산과 10일 즈음 비약적으로 증가하는 유리아미노산의 영향으로 감칠맛이 고조되어 최고의 맛으로 나타납니다. 요리사들 사이에서는 '이노신산과 글루타민산의 비율이 1:1이 되면 7~9배의 감칠맛이 탄생한다'고 알려져 있습니다.
츠모토식이 이노신산의 감소를 줄여준다는 연구결과

장기숙성

15일 이후에는 츠모토식을 숙지하고 숙성의 원리와 방법에 숙달되어 있지 않으면 히스타민증후군, 식중독 등에 걸릴 위험이 있으므로 주의해야 합니다. 장기숙성에 들어가면 이노신산은 감소하고 유리아미노산은 증가하게 됩니다.
장기숙성에서도 츠모토식은 장점을 발휘합니다. 다른 전처리법에 비해 열화 속도를 억제하기 때문에 이노신산이 감소하더

숙성생선은 왜 맛있을까?

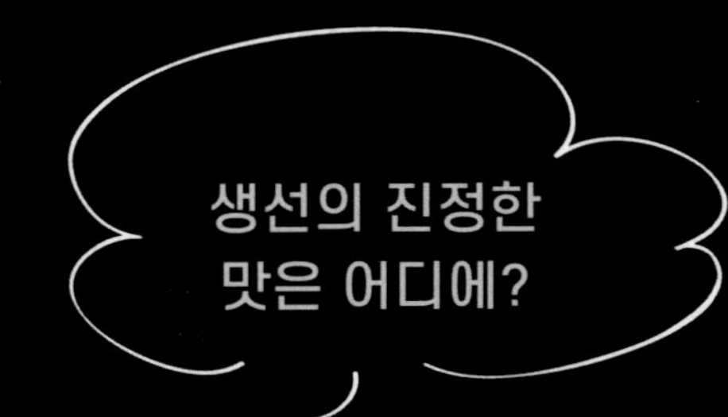

생선의 맛은 감칠맛 성분인 이노신산과 유리아미노산이 좌우하지만, 사람의 미각은 그것만 받아들이는 게 아닙니다. 감칠맛에 더해 식감이나 풍미, 모양 등도 맛을 결정하는 요소로 작용합니다. 츠모토식을 거친 생선이 숙성으로 맛있어지는 이유도 감칠맛 성분만으로 설명할 수는 없습니다.

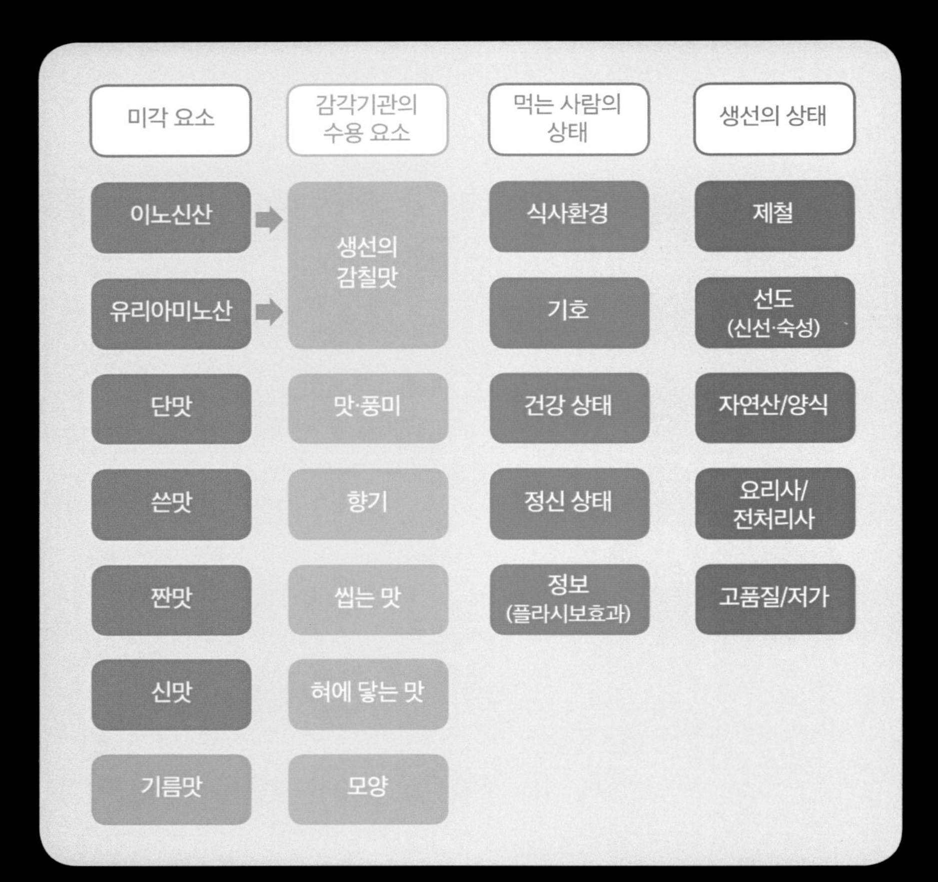

생선의 맛은 감칠맛을 비롯한 혀의 감각 외에 코와 눈 등의 감각기관에서 수용하는 요소에 의해 결정됩니다. 이뿐만이 아닙니다. 먹는 사람의 기호나 건강 상태 등에 따라 달라지기도 합니다.
츠모토식은 숙성생선의 맛을 결정하는 다양한 요소에 좋은 영향을 일으킵니다. 이노신산의 감소를 억제할뿐더러 선도를 오래 유지하여 2가지 감칠맛 성분의 상승효과를 유발하는 것은 물론, 결과적으로 요리사가 실력을 발휘할 수 있는 폭을 넓혀줍니다. 일반적인 전처리에 비해 맛과 풍미, 여타 요소 등에서 생선의 장점을 이끌어낼 수 있는 잠재력이 큽니다. 이와 같은 이유들로 고품질은 물론이고 저가의 생선도 획기적인 맛으로 바꾸어줍니다.

도움말

숙성생선이 초밥과 궁합이 좋은 이유

많은 초밥전문점에서 단기 또는 장기 숙성한 생선을 사용합니다. 생선의 감칠맛을 이끌어낼 수 있고, 무엇보다 초밥밥과의 궁합이 좋기 때문입니다. 활어는 싱싱하다는 장점이 있지만 부드러움이 덜하여 초밥밥과 잘 어울리지 않는 면도 있습니다.

숙성 시 주의사항

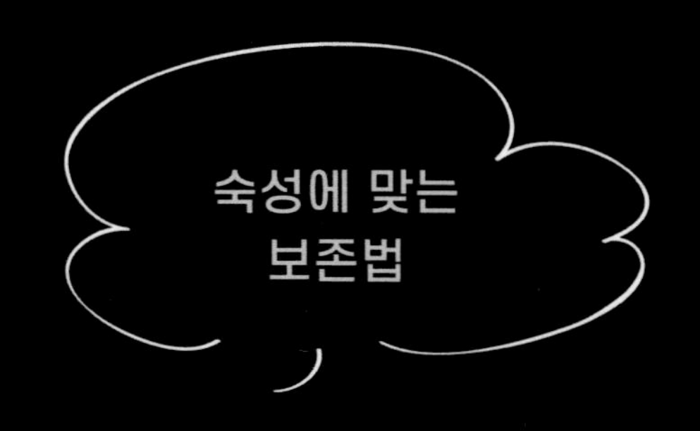

숙성은 기간이 길어지면 육질의 열화나 피의 부패, 잡균의 발생과 같은 문제들이 발생합니다. 생선의 종류나 선도, 전처리, 숙성환경이나 기술 등에 따라 그 정도는 다를 수 있습니다. 하지만 츠모토식은 과학으로 증명된 우수한 보존 방법으로 이 같은 문제들을 억제하여 숙성의 폭을 넓혀줍니다.

숙성 과정에서 발생하는 문제들은 어떻게?

냄새

생선의 비린내는 주로 트리메틸아민이라고 하는 유기화합물과 산화된 지방(불포화지방산), 그리고 오래된 피의 냄새로 알려져 있습니다. 츠모토식은 궁극의 피빼기로 이러한 냄새를 억제합니다. 생선의 먹이 냄새 등이 지방에 전이되는 것도 그렇습니다. 이것은 위 등에 남아 있는 내용물의 부패로 인한 냄새의 영향을 받기 때문인데, 츠모토식을 수행하면 지방 등에서 불필요한 냄새가 나지 않고, 생선의 식성에 따른 본연의 향기만 남게 됩니다.

갈변

피는 시간이 지나면서 붉은색에서 거무튀튀한 색으로 변하게 됩니다. 바로 갈변입니다. 하지만 피를 극한까지 빼내는 츠모토식을 따르면 혈액의 갈변을 최소화할 수 있습니다.

잡균 번식

생선의 껍질이나 복강 안에 세균이 들어가면 시간이 갈수록 번식합니다. 이렇게 잡균이 번식한 생선을 먹으면 식중독을 일으킬 수 있으므로 주의해야 합니다. 특히 저온처리가 미흡했을 때 생기는 히스타민산균의 번식을 조심할 필요가 있습니다. 히스타민증후군을 일으키는 히스타민산균은 열을 가해도 쉽게 억제할 수 없습니다. 하지만 츠모토식에서는 민물로 생선을 씻는 공정과 탈기포장, 냉온처리 등으로 잡균의 번식을 막아줍니다.

육질의 열화

생선 몸속의 단백질은 시간이 지남에 따라 분해되어 숙성 10일 전후에 존재감을 나타내는 유리아미노산으로 변합니다. 그러면서 육질이 떨어지거나 자칫 부패하는 경우가 있습니다. 하지만 츠모토식 탈기포장과 냉온처리를 거치면 그 같은 문제를 방지할 수 있습니다.

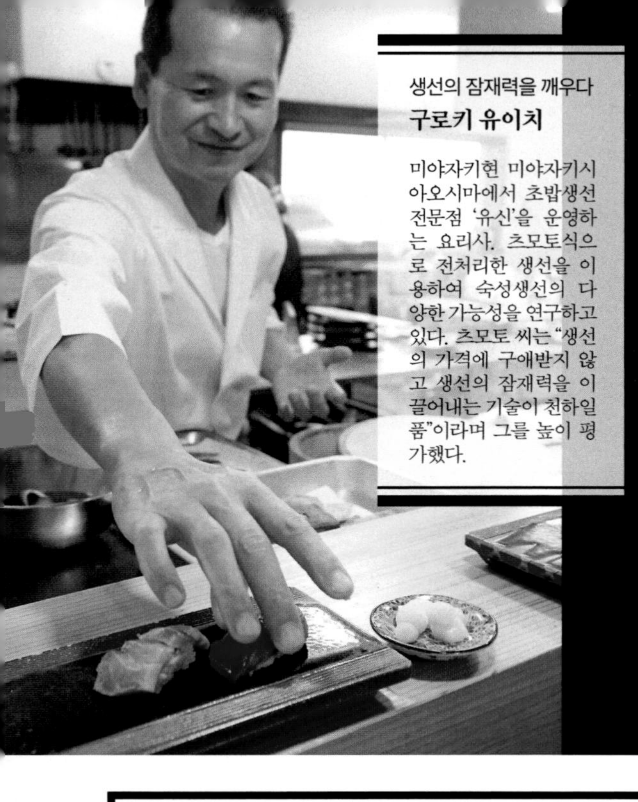

생선의 잠재력을 깨우다

구로키 유이치

미야자키현 미야자키시 아오시마에서 초밥생선 전문점 '유신'을 운영하는 요리사. 츠모토식으로 전처리한 생선을 이용하여 숙성생선의 다양한 가능성을 연구하고 있다. 츠모토 씨는 "생선의 가격에 구애받지 않고 생선의 잠재력을 이끌어내는 기술이 천하일품"이라며 그를 높이 평가했다.

츠모토식으로 전처리한 생선의 잠재력을 드높이다

스시 장인에게 묻다

가정에서 손쉽게 할 수 있는 숙성법

츠모토식 궁극의 피빼기를 거친 생선을 독자적인 방법으로 숙성하여 맛을 승화시키는 구로키 유이치 씨에게 일반 가정에서도 실천할 수 있는 숙성의 기본에 대해 알아보았다.

(예)

참돔 1kg를 일주일간 숙성

(피빼기 후 7일째 먹는다고 가정)

피빼기 후 1 ~ 5 일

먹기 2일 전까지의 작업

1 탈기포장·냉온보존 유지

궁극의 피빼기를 거친 생선을 탈기한 나일론봉투에 넣고 얼음물에 재운다. 선도를 유지하며 보존할 수 있는 가장 좋은 방법이므로 먹기 2일 전까지 이 상태를 유지하는 것이 좋다. 장기숙성의 경우에는 일주일에 한 번씩 드립체크(생선의 살에서 나오는 수분 및 분비물을 제거하는 작업)를 하면서 생선의 상태를 확인한다.

방어 등 대형 어종의 경우

방어 같은 대형 어종을 가정에서 숙성하려 할 때 적절한 보존 장소가 없으면 잘라서 보관한다. 머리와 꼬리 등을 자르고, 최대한 생선의 살이 공기에 닿지 않도록 조치한다. 껍질과 비늘을 그대로 두고, 뼈도 한쪽에 붙인 채로 남겨두는 것이 좋다. 잘라낸 덩어리는 키친타월 등의 흡수지와 내수지로 싸서 나일론봉투에 넣고 탈기포장·냉온보존한다.

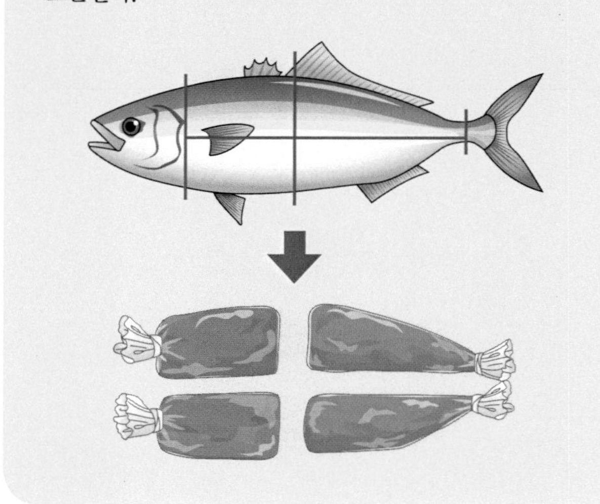

피빼기 후 6일째

먹기 전날의 작업

② 비늘을 제거한 다음 물로 닦고 세장뜨기를 한다

먹기 전날 개봉한다. 생선의 상태나 보존기간에 따라 냄새가 나는 경우도 있지만, 비늘을 제거하고 물로 닦아주면 냄새를 제거할 수 있다. 이어서 수분을 제거한 다음 세장뜨기를 한다. 내장쪽의 막은 남겨두는 것이 손상을 막는 데 도움이 된다.

③ 소금을 뿌린다

세장뜨기한 생선의 살에서 수분을 빼고, 생선 고유의 맛을 살리기 위해 소금을 가볍게 뿌린다. 소금은 가능하면 입자가 고운 천연소금이 좋다. 살에 침투하기 쉽기 때문이다. 뿌리는 양은 우설(牛舌)요리에 소금을 뿌릴 때처럼 약간이면 된다.

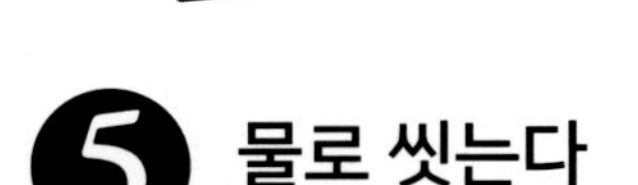

⑤ 물로 씻는다

남아 있는 소금과 떠오른 수분, 점액질이나 냄새 성분을 물로 씻어낸다. 1㎏ 이상 되는 참돔의 경우에는 1 ~ 2%의 소금물로 씻으면 적절한 상태가 된다. 씻은 후에는 키친타월 등으로 물기를 꼼꼼히 닦아준다.

④ 8~10분 정도 놓아둔다

소금을 뿌리고 8~10분 정도 놓아두면 삼투압효과로 살에 땀이 나듯 수분이 올라온다. 이 작업으로 수분과 함께 여분의 점액질, 냄새 성분, 남아 있던 피 등을 제거할 수 있다.

소금을 뿌리는 방법은 어종이나 크기, 상태에 따라 다르다

위에서는 1㎏의 참돔을 예로 들었지만, 어종이나 크기에 따라 소금을 뿌리는 방법은 조금씩 다르다. 예를 들어 크고 살이 두꺼운 방어는 소금을 뿌리고 나서 물로 씻지 않고 그대로 재운다. 소금이 닿지 않는 곳은 살이 단단해지지 않고 물렁거리기 때문에 소금을 더 뿌리는 경우도 있다. 또한 잡은 지 얼마 안 된 생선의 살에는 소금이 잘 침투하지 않으므로 1~2%의 소금물(짠맛이 살에 배지 않고 수분을 뺄 수 있는 정도의 농도)에 담가 다음 날까지 냉장고에 재우는 것이 좋다.

❻ 배트(vat)에 재운다

열전도율이 높아 금방 차가워지는 금속제 배트에 키친타월 등의 흡수지를 깔고, 덩이를 올리고, 랩으로 덮는다. 그대로 하룻밤 냉장고에서 재운다.

대형 생선은?

수분이 많은 대형 생선은 흡수지로 감싸고, 신문지를 깐 배트 위에 올려서 랩으로 덮는다. 며칠간 재워놓고 여러 번 잘라 먹고자 한다면 매일 드립체크하여 상태를 확인하고 흡수지를 바꿔준다.

피빼기 후 7일째

먹는 날의 작업

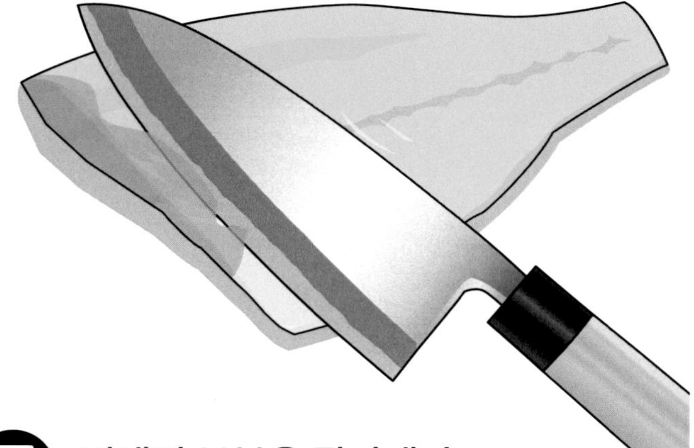

❼ 변색된 부분을 잘라낸다

검게 변색된 부분은 변질 가능성이 있으니 칼로 도려낸다. 공기에 노출된 곳부터 손상되기 시작하므로 그 부분을 도려내면 안심하고 먹을 수 있다. 참돔의 경우 1주일간의 탈기포장·냉온보존으로 손상되는 경우는 거의 없다. 다만 세장뜨기한 경우에는 손상될 수 있으므로 더 숙성을 시키고자 한다면 랩 등으로 감싸서 공기와의 접촉을 최소화한다.

손상 정도는 어종에 따라 다르다

꽁치와 고등어, 전갱이 같은 등푸른 생선이나 광어와 도미, 농어 등의 흰살생선은 세장뜨기를 하고 나면 손상이 빨라진다. 그에 비해 바리과 등은 세장뜨기 후에도 보존력이 좋다. 숙성의 적은 세균을 번식시키는 수분과, 공기에 접촉한 살과 지방의 산화다. 이 2가지에 유의하면서 자기만의 맛을 추구해볼 것을 권한다.

유신의 초밥과 생선요리

① 간장에 절여 2주간 숙성한 참치. ② 가보스(유자의 일종)와 간장을 곁들인 숙성 10일째의 연자돔. ③ 내장을 위에 올린 숙성 1주일의 꽁치아부리. ④ 2주간 숙성한 붕장어. 입안에서 한순간에 녹는 듯한 식감. ⑤ 훈제처리한 8개월 숙성의 잿방어. ⑥ 간장에 절인 숙성 1주일의 가다랑어. 가다랑어에 대한 평가가 바뀌는 맛. ⑦ 유신에서 직접 만든 생선소금을 얹은 숙성 19일의 방어. ⑧ 고구마를 곁들여 20일 이상 숙성시킨 철갑상어구이

숙성이 츠모토식의 잠재력을 꽃피운다

입자가 고운 천연소금 사용. 살에 침투가 잘된다.

8개월 숙성시킨 잿방어. 구로키 씨는 "저의 놀잇감입니다. 어느 정도 지나면 맛이 변하지 않아요"라고 말했다.

유신의 냉장고에서 꺼낸 숙성생선. 장기간의 숙성을 거쳐 조금씩 잘라 먹을 수 있는 상태

츠모토 씨는 경의의 뜻으로 구로키 씨를 '유상'으로 부른다. 스시 장인과 전처리 장인의 만남

과학이 증명한 츠모토식의 장점

다카하시 기겐 도쿄해양대학 박사

해양과학 박사. 도쿄해양대학 학술연구원 식품생산학과 조교로 숙성 생선의 맛과 생선의 보존·유지 등 수산식품의 이용법에 관한 연구를 해왔다. 2019년 일본 수산학회 가을학술대회에서 '츠모토식 급속관류 탈혈처리에 의한 잿방어 근육의 선도 보존 유지'라는 제목의 연구결과를 발표했다. 숙성생선 연구의 일인자로 꼽힌다.

츠모토식 궁극의 피빼기로 전처리한 생선의 우수성을 과학적으로 검증한 도쿄해양대학의 다카하시 기겐 박사에게 관련 이야기를 들었다.

다카하시 박사님의 연구결과로 밝혀진 츠모토식의 장점은 무엇인가요?

최대의 장점은 생선 품질의 보존·유지입니다. 츠모토식으로 피빼기를 하면 이노신산의 감소를 억제할 수 있다는 사실이 밝혀졌습니다. 감칠맛 성분이 오래간다는 뜻입니다. 또한 생선의 변색과 냄새 발생도 방지할 수 있습니다. 아직 연구 중이지만, 부패를 일으키는 세균의 번식도 제한하는 것으로 추정됩니다. 이는 단지 피빼기만의 효과라기보다는 생선의 내장을 제거하고, 배속을 민물로 씻고, 탈기포장·냉온보존을 거친 결과로 보입니다. 한마디로 체계적이고 종합적인 전처리법이 생선의 품질 유지를 가능하게 했다고 생각합니다. 피빼기에만 주목하는 경향이 있지만, 그 후의 공정도 효과적이라는 뜻입니다.

요리사들은 '잠재력이 크지 않은 생선은 숙성할 수 없다'고 말하는데, 잠재력이 크다는 것은 품질 유지가 가능하고, 잘 썩지 않는다는 2가지 의미를 내포합니다. 그런 의미에서 츠모토식은 생선의 잠재력을 최대한으로 구현하는 전처리법이라고 할 수 있습니다.

생선의 숙성에 대해 좀 더 자세히 말씀해 주세요.

흔히 '숙성은 이노신산이 관련되어 있다'고 말하는데, 이노신산은 가쓰오부시 등에 많이 함유된 감칠맛 성분입니다.

생선의 몸에서 ATP는 ADP나 AMP 등의 변환을 거쳐 이노신산으로 바뀌고, 마지막에는 히포크산틴이라는 물질이 됩니다. ATP는 생선이 날뛰거나 해서 에너지를 소비하면 다른 물질로 바뀌지만, 원래 상태로 돌아가면 다시 회복됩니다. 포획 시 심하게 저항한 생선의 맛이 떨어지는 이유는 죽는 단계에서 많은 양의 ATP가 분해되어버리기 때문입니다. 반면에 뇌 찌르기나 신케지메를 통해 별 저항 없이 죽은 생선은 ATP가 많이 남아 있습니다. 생선은 포획 단계부터 식탁에 오를 때까지 유통 등에 적지 않은 시간이 소요되기 때문에 ATP가 분해되지 않게 하는 것이 중요합니다.

이노신산은 생선이 죽고 나서 급속히 증가하다가 감소합니다. 잿방어의 경우에는 대략 반나절부터 하루 사이에 이노신산의 양이 정점을 찍다가 3~4일이 지나면 감소하기 시작합니다. 이노신산의 증감 속도나 정점에 이르는 시간은 생선에 따라 차이가 있지만, '숙성하면 할수록 이노신산이 증가하여 맛있어진다'는 말은 사실과 다릅니다. 일주일 정도 숙성한 생선이 맛있는 이유가 이노신산에만 있다고 할 수 없습니다. 일주일 정도 지나면 오히려 이노신산이 감소합니다.

그러면 숙성생선이 맛있는 이유는 무엇인가요?

생선을 일주일가량 재우면 살 안의 단백질이 분해되어 유리아미노산이 증가하기 시작합니다. 유리아미노산은 글루탐산이나 아스파라긴산 등으로 이루어져 감칠맛을 내는 아미노산입니다. 이 감칠맛이 감소하는 이노신산을 보완해주는 것일 수도 있고, 유리아미노산이 이노신산과 상승작용을 일으켜 감칠맛이 강해지는 것일 수도 있습니다. 어찌 되었건 숙성생선의 경우에는 유리아미노산의 영향이 크다고 봅니다. 다만 유리아미노산이 크게 증가하는 시점은 비교적 늦은 편으로 생선을 재우고 2~3주 지났을 때입니다. 그런데 유리아미노산이 많이 나올 때까지 생선을 재워두면 냄새가 나거나 색이 변하여 품질이 떨어집니다. 저는 츠모토식이 그러한 문제를 최소화한다고 생각합니다.

다시 말해서 츠모토식으로 장기숙성이 가능한 생선을 만들 수 있다는 뜻인가요?

그렇습니다. 하지만 '츠모토식을 적용하면 숙성생선이 맛있어진다'는 말은 오해를 불러올 수 있습니다. 생선 고유의 감칠맛을 가쓰오다시라고 하면 숙성생선은 거기에 다시마를 추가하는 것과 같습니다. 즉, 이노신산의 영향이 감소하고, 유리아미노산의 영향이 증가하는 것이 숙성의 기본 개념입니다. 이것은 생선을 숙성하면 일어나는 일반적인 현상으로 츠모토식을 실행하지 않는다고 해서 일어나지 않는 현상이 아닙니다. 따라서 감칠맛의 관점에서 숙성생선이 맛있는 이유와 츠모토식의 장점을 분리해서 생각하는 것이 좋습니다. 츠모토식을 실행하면 '냄새나 변색을 억제할 수 있기 때문에 장기숙성으로 생선의 감칠맛을 이끌어내기가 쉬워진다'라기보다는 '숙성에 적합한 생선을 만들 수 있다'라고 말할 수 있습니다.

흔히 '일주일 숙성한 생선이 맛있다'고 말하는 분이 많지만, 과학적으로는 근거가 없

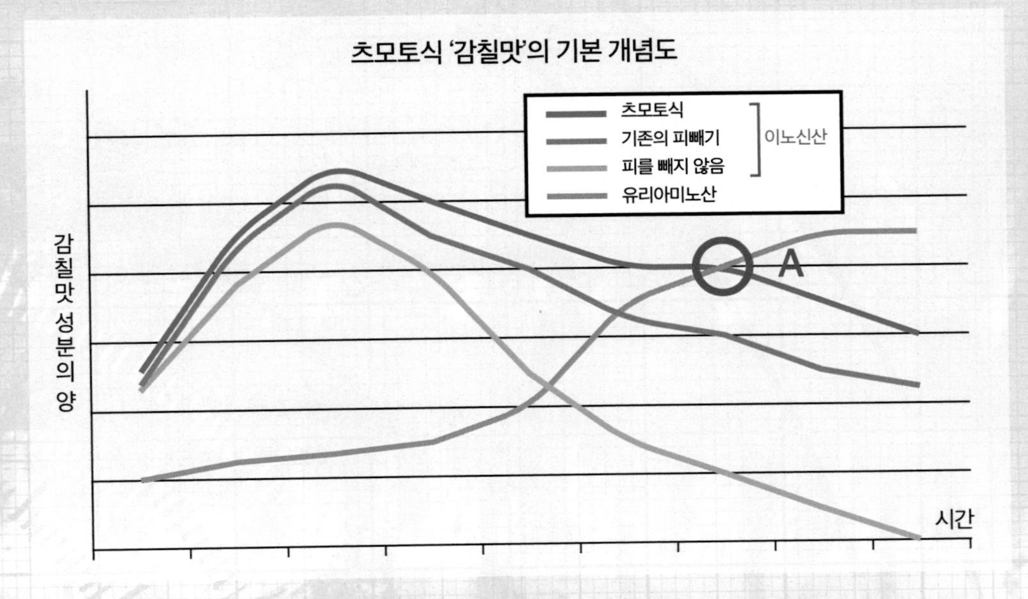

생선을 숙성할 때 감칠맛 성분이 어떻게 달라지는가를 보여주는 개념도. 생선의 종류나 잠재력에 따라 다를 수 있지만, 생선의 감칠맛 성분(이노신산, 유리아미노산)이 시간에 따라 변하는 추이를 보여준다. 생선을 전처리하면 ATP의 변화로 이노신산이 증가하여 초기에 정점에 달했다가 점점 감소한다. 또 단백질 분해로 생기는 유리아미노산은 이노신산의 감소보다 뒤늦게 증가한다. 즉, 유리아미노산과 이노신산을 종합해서 보면 감칠맛의 정점은 그래프의 A라고 할 수 있다. 단, 실제로 느끼는 감칠맛은 수치의 합산이 아니라 개인의 판단에 따라 달라질 수 있다. 개념도에서 나타나지 않은 식감, 색상, 냄새 등의 영향도 크기 때문에 맛의 정점을 한마디로 규정하기는 어렵다.

습니다. 유리아미노산도 그 기간에는 많이 증가하지 않습니다. 단지 이노신산이 감소하고 유리아미노산이 많지 않은 상태라고 할 수 있습니다.

숙성은 이노신산이나 유리아미노산의 감칠맛 성분에만 영향을 주는 것이 아닙니다. 예를 들어 숙성이 진행되면 육질이 더 부드러워지고 식감이 좋아져 맛을 더 좋게 느낄 수 있게 됩니다. 이렇듯 다양한 요소가 숙성에 관련되어 있다고 보고 연구를 해나가고 있습니다. 단지 재워둔 것만으로 맛있어지는 게 아니라 소금을 뿌리거나, 수분을 빼거나, 말리는 등의 요소가 함께 작용한다는 것입니다. 숙성은 여러 방법과 조건이 결합된 결과이며, 요리사가 이를 바탕으로 궁리하는 것이 생선을 더욱 맛있게 하는 요령이라고 생각합니다.

숙성하지 않고 바로 먹었을 때 초모토식은 어떤 효과가 있을까요?

다른 전처리보다 피를 더 확실히 빼기 때문에 피맛이나 비린내가 줄어듭니다. 피에서는 많은 냄새가 납니다. 혈액에는 트리메틸아민이나 암모니아 같은 냄새 성분이 포함되어 있는데, 초모토식으로 이런 냄새를 억제할 수 있습니다.

금방 잡은 생선을 먹는 것은 기호의 문제라고 생각합니다. 피맛을 포함한 맛이 '생선의 맛'이라고 주장하는 분들도 있고, 초모토식으로 하면 너무 깔끔해서 맛이 부족하다고 느낄 수도 있습니다. 반면에 피맛에 민감하거나 생선에 익숙하지 않은 분들, 생선을 싫어하는 아이들은 좋아할 겁니다. 숙성생선도 그렇습니다. 숙성한 생선의 농후함이 좋다는 분도 있고, 선도가 높은 생선의 깔끔함이 좋다고 하시는 분도 있을 것입니다.

다카하시 박사님이 초모토식 궁극의 피빼기를 통해 느끼신 다른 장점은 무엇인가요?

초모토식이 확산되면 상점에서 판매되는 생선이 많이 달라질 것입니다. 전에는 생선이 살아 있지 않으면 피를 빼기가 어려웠지만 초모토식으로는 선어도 피빼기가 가능합니다. 소비자들에게는 매우 큰 장점입니다. 업체에서는 보존기간이 늘어나 유통과 판매 등의 비즈니스에 유리합니다. 수산물이 얼마나 유효하게 활용되고 소비를 촉진하는가를 생각하면 수산물을 폭넓게 안정적으로 공급할 수 있게 하는 초모토식이 큰 가능성을 가지고 있다고 생각합니다.

마지막으로 다카하시 박사님의 연구에 대해 알려주세요.

저는 팀원들과 함께 초모토식에 의해 이노신산의 감소가 억제되고, 생선의 색깔이 보존되고, 냄새가 차단되는 것을 밝혀줄 데이터를 확보했습니다. 하지만 어떻게 그러한 현상이 나타나는가에 대해서는 아직 가설 수준에 머물러 있습니다. 현상을 확인했을 뿐 가설을 뒷받침할 근거를 찾지 못했습니다. 피를 빼고, 민물로 씻고, 다르게 처리하는 공정들이 그 이유라고 추정하지만, 증명이 필요합니다. 예를 들어 우리는 초모토식을 적용하면 이노신산의 감소가 억제되는 이유가 이노신산을 분해하는 등 다양한 화학반응을 일으키는 혈액 안의 생체촉매가 제거되기 때문이라고 생각하지만, 이를 밝혀줄 과학적 근거를 갖지 못한 상태입니다. 피가 얼마나 빠졌는지, 정말로 피빼기의 영향인지 등을 밝히는 연구를 계속하려고 합니다. 또 생선이 죽고 나서 언제까지 피가 빠지는가와 같은 실질적 검증도 해나갈 계획입니다.

> **초모토식은 생선의 보존력을 높여주고 감칠맛 성분인 이노신산의 감소를 억제한다. 그 효과가 과학적으로 입증되었다.**

츠모토식의 트레이드마크인 사신(死神). 생선이 최후에 보게 되는 존재가 전처리하는 사람임을 표현한다. 생명에 감사하는 마음을 잊지 않고, 가능한 한 최고의 상태로 만들려고 노력하는 츠모토 씨의 마음이 담겨 있다.

Q&A

츠모토식 마니아들의 인사이트

독창적이고 획기적인 츠모토식에 대해서는 한두 마디로 규정할 수 없다. 여기에 츠모토식에 대한 마니아적 통찰들을 Q&A 형태로 정리했다.

생선에 물을 주입하면 살에 물기가 많아지지 않나요?

도쿄해양대학의 다카하시 박사님은 "신선한 생선을 사용하면 츠모토식으로 인해 드립의 양이 늘어나는 것과 같은 수분증가 현상은 일어나지 않는다"고 이야기합니다. 그에 반해 선도가 떨어져 혈관이 손상되었거나 근조직이 무너진 상태의 생선이라면 물기가 많아질 가능성이 있습니다. 궁극의 피빼기와 동맥구멍에 노즐 넣기 공정에서 수압을 가할 때 손상된 혈관이나 살에 물이 들어가는 것입니다. 또 동맥구멍이나 신경구멍에 노즐 넣기에서 구멍이 아닌 곳에 물을 주입하면 근조직에 물이 들어갈 수도 있습니다. 하지만 박사님은 "얼마간 물이 근육에 들어갔다고 해도 생선의 상태가 좋으면 근육이 물을 튕겨내는 형태로 물이 흐르게 된다"고 말합니다. 신선한 생선으로 츠모토식을 실행하면 생선에 물이 들어가는 일은 없습니다. 중요한 점은 마지막 세워두기 공정을 철저히 이행하는 것입니다. 단순한 공정이지만 생선의 수분을 배출하는 매우 중요한 작업입니다.

가다랑어나 참다랑어는 피의 맛에 풍미가 있다고 하는데, 궁극의 피빼기를 하면 그 풍미가 사라지지 않나요?

A

답변에 앞서 피의 풍미에 대해 알아보겠습니다. 생선의 혈액에는 여러 가지 성분이 들어 있는데, 감칠맛을 비롯한 생선의 맛은 주로 단백질이 변한 아미노산, 0.9%의 염분과 산화철, 트리메틸아민 및 트리메틸아민옥사이드, 이노신산의 영향을 받습니다. 이러한 성분들을 맛이라고 한다면 피를 뺌으로써 그 풍미가 적어진다고 할 수 있습니다. 전체적인 맛에 큰 영향을 주지 않는 미세한 부분이긴 하지만, 그것을 느끼는 분들에게는 피빼기로 인한 손실 부분으로 맛이 덜하게 느껴질 수도 있습니다. 기존의 방법으로는 그런 성분에 영향을 줄 수 없었기에 '풍미'로서 존재할 수 있었던 것입니다. 하지만 실제 요리에서는 풍미를 보완하고 보전하는 기술이 있으므로 감칠맛의 정체를 파악하면 피의 풍미도 재현할 수 있을 것입니다.
츠모토식을 실천하는 스시전문점 '니기리테'의 수석 셰프인 야스노 준 씨가 들려준 이야기가 있습니다. "2019년 여름에 황다랑이 30kg을 츠모토식으로 처리해서 숙성시킨 적이 있습니다. 어느 정도 숙성시킨 후 맛을 보니 아주 좋았습니다. 그런데 전에 알고 있던 맛과는 전혀 달랐습니다. 감칠맛이 좋아졌는데도 피를 빼서 그런지 다른 느낌의 맛이었지요. 츠모토식의 좋은 예라고 생각합니다. 하지만 참다랑어나 가다랑어처럼 피의 맛이 좋다고 알려졌거나 피빼기를 하지 않은 상태의 생선을 다루는 요리사의 경우라면 "맛은 있지만 다랑어 맛은 아니야"라는 반응이 나올 수도 있습니다. 그렇기 때문에 츠모토식을 '어식혁명'이라고 하는 것입니다. 기존에 없던 방법으로 다랑어에서 불필요한 혈액 성분을 배출하여 기존과 전혀 다른 식감과 맛을 제공하니까요. 세상의 식문화에 전혀 새로운 맛의 정의를 선보인 것입니다."
또 다른 분은 이렇게 말합니다. "재운다는 것은 차갑게 하는 것인데, 그러면 단단해진 불포화지방산(생선의 기름기)에서 향이 납니다. 피나 불순물, 내장의 냄새가 빠진 향이지요. 또한 생선이 섭취한 먹이가 지방에 영향을 미쳐 생선 고유의 풍미로 돌아온 것이라고 할 수도 있습니다. 한 예로 2주일간 츠모토식으로 숙성한 방어를 먹었더니 달콤한 새우 향이 났습니다. 순간 방어의 먹이가 갑각류인가 하는 생각이 들었습니다. 이처럼 기름기 등의 열화를 억제할 수 있는 츠모토식은 이제까지 느끼기 어려웠던 생선 고유의 풍미까지 맛볼 수 있게 해줍니다."
궁극의 피빼기로 피의 풍미가 줄어든다고 하지만 보존기간이 늘어나고 여태껏 느낄 수 없었던 맛을 느끼게 해주는데, 가다랑어나 참다랑어가 지닌 기존의 맛보다 떨어진다고 할 수 있을까요? 맛에 대한 기호나 식문화의 차이가 있기에 모든 사람에게 츠모토식 숙성생선을 '최고'라고 말할 수 없을지는 몰라도 '부정'할 근거는 없다고 생각합니다.

츠모토식을 해도 생선이 더 맛있어지는 건 아니라고 말하는 이들이 있는데, 왜 그럴까요?

앞에서도 말했지만, 궁극의 피빼기를 통해 빠지는 혈액에 포함된 미량의 성분이 풍미라고 한다면 일시적으로 열어지게 됩니다. 사실 생선이 맛있다고 하는 음식점의 요리사들로부터 같은 질문을 많이 받습니다.

일반적으로 선도가 좋은 '맛있는' 생선들을 1~4일 이내에 먹게 되면 피의 열화가 맛에 영향을 주지 않습니다. 그 상태에서는 피의 맛이 풍미로 작용할 수 있습니다. 이것을 '생선의 맛'이라고 한다면 궁극의 피빼기는 그러한 풍미를 제거하는 작업이라고 할 수 있기 때문에 부족함을 느낄 수 있습니다. 하지만 츠모토식이 새로 개척했다고 할 수 있는 맛은 중기숙성 이후에 제대로 나타납니다. 츠모토식 효과의 가장 큰 특징은 이노신산의 감소를 억제한다는 사실입니다. 그리고 또 하나의 감칠맛 성분인 유리아미노산은 생선에 따라 차이가 있지만 이노신산이 감소하기 시작한 지 10일 이후에 부각됩니다. 감칠맛만 놓고 말할 수 없지만, 츠모토식은 이러한 성분들을 최대한 보유하게 함으로써 생선의 맛을 더욱 살려 줄 수 있습니다.

간단히 말해서 츠모토식은 맛있는 타이밍을 잡기 좋은 생선을 만드는 기술이라고 할 수 있습니다. 최적의 타이밍에서 느낄 수 있는 맛은 거의 '문화 충격'이라고 해도 좋은데, 실제로 경험해보지 않으면 알 수 없습니다. 하지만 이 타이밍을 잡으려면 츠모토식을 충분히 이해하고 기술을 습득하여 숙성의 지식을 두루 갖추어야 합니다. 제대로 된 지식 없이 숙성만 시킨다면 유리아미노산 숙성 상태의 맛이 되어 단순히 기호에 따른 차이로 판단하게 됩니다.

숙성생선에는 레드와인이 어울린다고 하는데 사실인가요?

'생선에는 화이트와인'이라고 하지만, 숙성생선의 상태를 유리아미노산의 영향으로만 본다면 그렇게 말할 수도 있을 것입니다. 실제로 레드와인과 잘 맞는다는 소와 닭 등의 육류에는 유리아미노산이 다량 함유되어 있습니다. 하지만 생선의 숙성 과정에서 생기는 트리메틸아민 등의 냄새는 화이트와인의 산미에 의해 중화되기도 하기 때문에 반드시 숙성생선에 레드와인이 좋다고 말하기는 어렵습니다.

육질이 부드러워지면 왜 더 맛있게 느껴질까요?

꼬들꼬들한 식감을 선호하는 분들이 있지만, 부드러운 육질이 미각을 더 자극할 수 있습니다. 씹으면 살이 골고루 분해되어 혀가 감칠맛이나 육즙을 더 느낄 수 있기 때문입니다. 또한 부드러운 육질을 좋아하는 현대인의 식문화도 일정한 영향을 미친 것으로 보입니다. 예를 들어 장기숙성에 적합한 바리과는 숙성 후에 감칠맛이 증가하는 것과 함께 단백질 분해로 육질이 부드러워져서 맛을 느끼기에 적합한 상태가 됩니다. 이노신산의 정점이 일주일이라고 했을 때 숙성할수록 감칠맛이 더 난다기보다는 육질이 더 부드러워져 맛에 대한 감각이 더 상승하는 것이라고 말할 수 있습니다.

생선에서 이노신산과 유리아미노산이라는 2가지 성분이 1 : 1의 비율이 되는 지점을 찾으면 감칠맛이 최고의 상태에 달한 것이라 말할 수 있을까요?

단순히 감칠맛 성분의 함유량만을 놓고 보면 그렇다고 할 수 있습니다. 실제로 이노신산과 유리아미노산의 비율이 1:1이 되었을 때 혀가 느끼는 감칠맛이 7~9배 증가된다는 연구결과가 있습니다. 숙성 과정에서 그 비율의 타이밍을 찾을 수 있다면 감칠맛이 최고일 수 있습니다. 하지만 사람의 미각에는 육질도 큰 영향을 미치기 때문에 단정할 수는 없습니다. 요리사들과 연구자들이 공통적으로 강조하는 것처럼, 복합적인 요인들을 고려하여 절정의 맛을 만드는 조건과 방법을 계속해서 탐구해야 합니다.

생선에는 아직도 우리가 모르는 새로운 맛의 세계가 존재합니다!

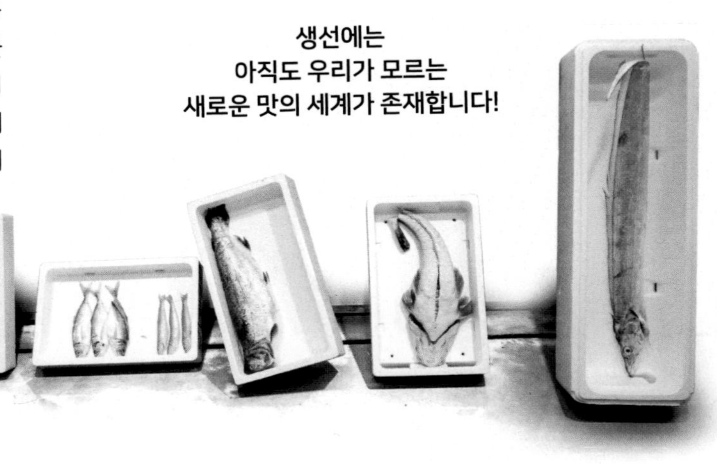

세계 최초로 '궁극의 피빼기'를 개발한 츠모토 미츠히로 씨. 지금도 무한한 생선의 가능성을 연구 중인 그가 애견 토로와 즐거운 한때를 보내는 모습.

궁극의 피빼기
동영상 유튜브

츠모토식 **어식혁명**

초판 1쇄 발행 | 2021년 3월 16일

지은이 | 츠모토 미츠히로, 나이가이출판사
옮긴이 | 임동근
펴낸이 | 박상두
편집 | 이현숙
디자인 | 고희민
제작 | 박홍준
마케팅 | 박현지

펴낸곳 | 두앤북
주소 | 04554 서울시 중구 충무로 7-1, 506호
등록 | 제2018-000033호
전화 | 02-2273-3660
팩스 | 02-6488-9898
이메일 | whatiwant100@naver.com

값 | 15,000원
ISBN | 979-11-90255-09-7 13590